北京密云陆生野生动物

BEIJING MIYUN LUSHENG YESHENG DONGWU

北京市密云区生物多样性系列丛书

张德怀 刘克发 张海军 赵一鸣 主编

中国林业出版社
China Forestry Publishing House

图书在版编目（CIP）数据

北京密云陆生野生动物 / 张德怀等主编. -- 北京：中国林业出版社, 2025.3. -- ISBN 978-7-5219-2960-7

Ⅰ.Q958.521.3

中国国家版本馆CIP数据核字第2024RV1064号

责任编辑：李春艳
封面设计：北京云末文化传播有限公司

出版发行：中国林业出版社
　　　　　（100009，北京市西城区刘海胡同7号，电话010-83143579）
电子邮箱：30348863@qq.com
网址：https://www.cfph.net
印刷：北京博海升彩色印刷有限公司
版次：2025年3月第1版
印次：2025年3月第1次
开本：889mm×1194mm　1/16
印张：35
字数：750千字
定价：328.00元

《北京密云陆生野生动物》编委会

主　　　任	马　超
副　主　任	齐　超　王春平　王海燕
顾　　　问	董　路　鲍伟东　张路杨　林聪田
主　　　编	张德怀　刘克发　张海军　赵一鸣
副　主　编	鲍伟东　罗艳飞　刘　畅　张　杰　曹　俊　马保忠
	张　硕　刘　琦
参　　　编	杨　凡　曹　月　刘宝滢　周　洋　王　佳　佟　朔
	刘天佑　朱光龙　李中南　马　壮　郭欣然　屠越娣
	王　磊　曹　帅　彭　歌　张飞虎　吴　迪　白春旭
	王　宝　娄方洲　贺建华　冯小辉　李默申　吴井平
指 导 单 位	北京市园林绿化局
组 织 单 位	密云区园林绿化局
支 持 单 位	中国科学院动物研究所　北京师范大学　北京林业大学
协 作 单 位	北京野生动物保护协会　密境生态保护中心

序言 FOREWARD

密云，古称渔阳、檀州，自北魏皇始二年置县，2015年撤县设区。岁月流转，在密云可以感受到厚重的历史文化底蕴，更可以领略到生态文明的独特魅力。这里青山绿水环绕，蓝天白云相伴，很多地方都充满了自然的韵味和勃勃的生机。

北京市密云区地处燕山南麓，华北平原北缘，是华北平原与内蒙古高原的过渡地带，"山水林田湖"均有分布，得天独厚的自然条件与密云人民的珍视，合力成就了这里丰富而有特色的生物多样性。密云水库、清水河畔、雾灵山间等不同的生境中，栖息着哺乳动物和两栖爬行动物，在空中经常盘旋着各种猛禽及其他珍稀鸟类，与青山绿水形成了一幅绝美的生态画卷。

长期以来，密云区十分重视生态保护工作，促进了当地野生动物种群的恢复和增长。近几年，密云区对陆生野生动物进行了深入细致的调查，并建立了生物多样性资源数据库，为本地区的生态建设奠定了基础。基于最新的实地调查成果，结合现有相关文献，张德怀等同志编写了《北京密云陆生野生动物》。该书共记录密云现有鸟类21目72科411种，哺乳动物7目18科42种，两栖爬行动物3目11科26种。该书精选了在密云本地拍摄的大量精美照片，以图文并茂的形式对各个物种的生物学特性、分布等做了详细介绍。

目前，密云区正处于高质量发展过程中，良好的生态环境和丰富的野生动物资源吸引了越来越多的北京其他各区乃至全国各地的客人前来观光旅游。作为北京市密云区生物多样性系列丛书中的一种，《北京密云陆生野生动物》丰富了本地区生物多样性科普读物的类型，是对密云区野生动物资源的全面介绍和生动诠释。希望在本书的引导下，更多的公众和游人走进密云，尽享大自然之美，同时提升生态文明意识，为促进密云区生物多样性保护和北京"生物多样性之都"的建设工作奉献力量。

北京师范大学教授
北京动物学会名誉理事长

前言 PREFACE

　　密云区位于北京市东北部，属燕山山脉与华北平原交接地带，东、北部分别与河北省承德市的兴隆县、承德县、滦平县交界，西、南部与怀柔区、顺义区、平谷区接壤。地理坐标为东经 116°39'33"~117°30'25"，北纬 40°13'7"~40°47'57"，东西长约 69 千米，南北宽约 64 千米，是首都重要的饮用水源地和生态涵养区。山水兼备的自然地貌特征概括为"八山一水一分田"，东、北、西三面群山环绕、峰峦起伏，中部低缓，西南为平原。最高峰为雾灵山南面的梧桐顶，海拔 1735 米。中部是密云水库，设计最大库容 43.75 亿立方米，最大水面 188 平方千米，是华北地区最大的人工水库，为众多水鸟的栖息提供了优质的环境，是北京重要的地表饮用水源地、水资源战略储备基地。西南部是潮白河冲积平原，潮河与白河在此区域交汇，形成了丰富多样的湿地生境。

　　密云区为暖温带季风型大陆性半湿润半干旱气候。冬季受西伯利亚、蒙古高压控制，夏季受大陆低压和太平洋高压影响，四季分明，干湿冷暖变化明显。

　　多年来，密云区坚持将保水保生态作为首要政治任务，持续开展生态文明建设，践行"两山"理论，其得天独厚的生态环境孕育了丰富的生物多样性。全区森林覆盖率达到 69.91%，湿地面积 2.1 万公顷，是北京湿地面积最大的区。

　　密云已成为首都东北部重要的生态屏障和野生动物资源最丰富的地区。截至 2024 年 5 月，密云区分布有陆生野生动物 479 种，其中鸟类 21 目 72 科 411 种，哺乳动物 7 目 18 科 42 种，两栖爬行动物 3 目 11 科 26 种。

　　本书依据《中国生物物种名录 2024 版》进行物种分类，并以图文形式进行介绍。为了便于阅读，在标注物种学名、英文名基础上，进行了拼音标注，并介绍物种生态学特征及分布情况，所述居留型是以物种在密云的生活习性为主。本书中的动物保护级别依据《国家重点保护野生动物名录》（2021 年版）。书中所用二维码由"密云区生物多样性数据平台"数据库自动生成，便于读者查阅更多相关资料。

　　由于编者水平有限，书中不足与疏漏在所难免，恳请广大读者与专家不吝指正，以便更趋完善。

编者
2024 年 12 月

本书使用说明

目录

序言
前言
本书使用说明

第一篇
密云鸟类资源

密云鸟类资源概况 8

鸡形目	**16**
石鸡	17
鹌鹑	18
斑翅山鹑	19
勺鸡	20
环颈雉	21

雁形目	**22**
鸿雁	23
豆雁	24
短嘴豆雁	25
灰雁	26
白额雁	27
小白额雁	28
斑头雁	29
疣鼻天鹅	30
小天鹅	31
大天鹅	32
翘鼻麻鸭	33
赤麻鸭	34
鸳鸯	35
赤膀鸭	36
罗纹鸭	37
赤颈鸭	38
绿头鸭	39
斑嘴鸭	40
针尾鸭	41
绿翅鸭	42
琵嘴鸭	43
白眉鸭	44
花脸鸭	45
赤嘴潜鸭	46
红头潜鸭	47
青头潜鸭	48
白眼潜鸭	49
凤头潜鸭	50
斑背潜鸭	51
斑脸海番鸭	52
长尾鸭	53
鹊鸭	54
斑头秋沙鸭	55
普通秋沙鸭	56
红胸秋沙鸭	57
中华秋沙鸭	58

䴙䴘目	**60**
小䴙䴘	61
赤颈䴙䴘	62
凤头䴙䴘	63
角䴙䴘	64
黑颈䴙䴘	65

鸽形目	**66**
岩鸽	67
山斑鸠	68
灰斑鸠	69
火斑鸠	70
珠颈斑鸠	71

沙鸡目	**72**
毛腿沙鸡	73

夜鹰目	**74**
普通夜鹰	75
白喉针尾雨燕	76
普通雨燕	77
白腰雨燕	78

鹃形目	**80**
红翅凤头鹃	81
小鸦鹃	82
噪鹃	83
大鹰鹃	84
四声杜鹃	85
大杜鹃	86
小杜鹃	87
东方中杜鹃	88

鸨形目	**90**
大鸨	91

鹤形目	**92**
普通秧鸡	93
西秧鸡	94
小田鸡	95
红胸田鸡	96

白胸苦恶鸟	97	姬鹬	124	流苏鹬	151	红喉潜鸟	177
黑水鸡	98	孤沙锥	125	弯嘴滨鹬	152		
白骨顶	99	针尾沙锥	126	黑腹滨鹬	153	**鹳形目**	**178**
白鹤	100	大沙锥	127	红颈瓣蹼鹬	154	黑鹳	179
沙丘鹤	101	扇尾沙锥	128	灰瓣蹼鹬	155	东方白鹳	180
白枕鹤	102	半蹼鹬	129	黄脚三趾鹑	156		
蓑羽鹤	103	黑尾塍鹬	130	普通燕鸻	157	**鲣鸟目**	**182**
丹顶鹤	104	白腰杓鹬	131	细嘴鸥	158	白斑军舰鸟	183
灰鹤	105	中杓鹬	132	棕头鸥	159	普通鸬鹚	184
白头鹤	106	小杓鹬	133	红嘴鸥	160		
		鹤鹬	134	黑嘴鸥	161	**鹈形目**	**186**
鸻形目	**108**	红脚鹬	135	小鸥	162	白琵鹭	187
鹮嘴鹬	109	泽鹬	136	遗鸥	163	黑脸琵鹭	188
黑翅长脚鹬	110	青脚鹬	137	渔鸥	164	黄斑苇鳽	189
反嘴鹬	111	白腰草鹬	138	灰背鸥	165	黑苇鳽	190
凤头麦鸡	112	林鹬	139	黑尾鸥	166	栗苇鳽	191
灰头麦鸡	113	翘嘴鹬	140	普通海鸥	167	大麻鳽	192
金鸻	114	矶鹬	141	西伯利亚银鸥	168	紫背苇鳽	193
灰鸻	115	翻石鹬	142	小黑背银鸥	169	夜鹭	194
长嘴剑鸻	116	阔嘴鹬	143	鸥嘴噪鸥	170	绿鹭	195
金眶鸻	117	红颈滨鹬	144	红嘴巨燕鸥	171	池鹭	196
环颈鸻	118	小滨鹬	145	白额燕鸥	172	牛背鹭	197
蒙古沙鸻	119	青脚滨鹬	146	普通燕鸥	173	苍鹭	198
铁嘴沙鸻	120	长趾滨鹬	147	白翅浮鸥	174	草鹭	199
东方鸻	121	斑胸滨鹬	148	灰翅浮鸥	175	大白鹭	200
彩鹬	122	尖尾滨鹬	149			中白鹭	201
丘鹬	123	三趾滨鹬	150	**潜鸟目**	**176**	白鹭	202

卷羽鹈鹕	203	长尾林鸮	237	黑枕黄鹂	267	凤头百灵	301
白鹈鹕	204	纵纹腹小鸮	238	长尾山椒鸟	268	云雀	302
		长耳鸮	239	灰山椒鸟	269	角百灵	303
鹰形目	**206**	短耳鸮	240	小灰山椒鸟	270	文须雀	304
鹗	207	日本鹰鸮	241	暗灰鹃鵙	271	棕扇尾莺	305
黑翅鸢	208			黑卷尾	272	东方大苇莺	306
栗鸢	209	**犀鸟目**	**242**	灰卷尾	273	黑眉苇莺	307
凤头蜂鹰	210	戴胜	243	发冠卷尾	274	远东苇莺	308
秃鹫	211			寿带	275	厚嘴苇莺	309
短趾雕	212	**佛法僧目**	**244**	牛头伯劳	276	北短翅蝗莺	310
乌雕	213	三宝鸟	245	红尾伯劳	277	矛斑蝗莺	311
靴隼雕	214	蓝翡翠	246	棕背伯劳	278	小蝗莺	312
草原雕	215	普通翠鸟	247	灰伯劳	279	中华短翅蝗莺	313
金雕	216	冠鱼狗	248	楔尾伯劳	280	崖沙燕	314
赤腹鹰	217	斑鱼狗	249	虎纹伯劳	281	家燕	315
日本松雀鹰	218			松鸦	282	岩燕	316
雀鹰	219	**啄木鸟目**	**250**	灰喜鹊	283	毛脚燕	317
苍鹰	220	棕腹啄木鸟	251	红嘴蓝鹊	284	烟腹毛脚燕	318
白头鹞	221	蚁䴕	252	喜鹊	285	金腰燕	319
白腹鹞	222	小星头啄木鸟	253	星鸦	286	白头鹎	320
白尾鹞	223	星头啄木鸟	254	红嘴山鸦	287	领雀嘴鹎	321
鹊鹞	224	白背啄木鸟	255	达乌里寒鸦	288	红耳鹎	322
黑鸢	225	大斑啄木鸟	256	秃鼻乌鸦	289	栗耳短脚鹎	323
白尾海雕	226	灰头绿啄木鸟	257	小嘴乌鸦	290	栗背短脚鹎	324
灰脸𫛭鹰	227			大嘴乌鸦	291	褐柳莺	325
毛脚𫛭	228	**隼形目**	**258**	煤山雀	292	棕眉柳莺	326
大𫛭	229	黄爪隼	259	黄腹山雀	293	巨嘴柳莺	327
普通𫛭	230	红隼	260	沼泽山雀	294	云南柳莺	328
		红脚隼	261	褐头山雀	295	黄腰柳莺	329
鸮形目	**232**	灰背隼	262	大山雀	296	黄眉柳莺	330
北领角鸮	233	燕隼	263	中华攀雀	297	淡眉柳莺	331
红角鸮	234	猎隼	264	蒙古百灵	298	极北柳莺	332
雕鸮	235	游隼	265	大短趾百灵	299	双斑绿柳莺	333
灰林鸮	236	**雀形目**	**266**	短趾百灵	300	冕柳莺	334

冠纹柳莺	335	红尾斑鸫	369	小太平鸟	403	铁爪鹀	437
乌嘴柳莺	336	斑鸫	370	领岩鹨	404	雪鹀	438
淡尾鹟莺	337	赤颈鸫	371	棕眉山岩鹨	405	白头鹀	439
远东树莺	338	宝兴歌鸫	372	白腰文鸟	406	灰眉岩鹀	440
强脚树莺	339	灰背鸫	373	山麻雀	407	三道眉草鹀	441
鳞头树莺	340	乌灰鸫	374	麻雀	408	栗斑腹鹀	442
银喉长尾山雀	341	黑胸鸫	375	田鹨	409	白眉鹀	443
北长尾山雀	342	红尾歌鸲	376	山鹨	410	栗耳鹀	444
山鹛	343	蓝歌鸲	377	黄鹡鸰	411	田鹀	445
棕头鸦雀	344	红喉歌鸲	378	黄头鹡鸰	412	黄眉鹀	446
白喉林莺	345	白腹短翅鸲	379	灰鹡鸰	413	小鹀	447
红胁绣眼鸟	346	蓝喉歌鸲	380	白鹡鸰	414	黄喉鹀	448
暗绿绣眼鸟	347	红胁蓝尾鸲	381	布氏鹨	415	黄胸鹀	449
山噪鹛	348	北红尾鸲	382	草地鹨	416	栗鹀	450
画眉	349	红尾水鸲	383	树鹨	417	灰头鹀	451
红嘴相思鸟	350	鹊鸲	384	粉红胸鹨	418	苇鹀	452
欧亚旋木雀	351	白顶溪鸲	385	红喉鹨	419	红颈苇鹀	453
普通䴓	352	紫啸鸫	386	黄腹鹨	420	芦鹀	454
黑头䴓	353	黑喉石䳭	387	水鹨	421	黄鹀	455
红翅旋壁雀	354	灰林䳭	388	苍头燕雀	422		
鹪鹩	355	白顶䳭	389	燕雀	423	**第二篇**	
褐河乌	356	白背矶鸫	390	锡嘴雀	424	**密云哺乳动物资源**	
丝光椋鸟	357	蓝矶鸫	391	黑头蜡嘴雀	425		
灰椋鸟	358	白喉矶鸫	392	黑尾蜡嘴雀	426	**密云哺乳物**	
北椋鸟	359	灰纹鹟	393	普通朱雀	427	**资源概况**	458
紫翅椋鸟	360	乌鹟	394	中华朱雀	428		
八哥	361	北灰鹟	395	长尾雀	429	东北刺猬	459
白眉地鸫	362	白眉姬鹟	396	北朱雀	430	麝鼹	460
虎斑地鸫	363	黄眉姬鹟	397	金翅雀	431	马铁菊头蝠	461
乌鸫	364	绿背姬鹟	398	白腰朱顶雀	432	东方棕蝠	462
褐头鸫	365	白腹暗蓝鹟	399	红腹灰雀	433	普通蝙蝠	463
白眉鸫	366	红喉姬鹟	400	红交嘴雀	434	东亚伏翼	464
白腹鸫	367	戴菊	401	黄雀	435	褐山蝠	465
黑喉鸫	368	太平鸟	402	极北朱顶雀	436	奥氏长耳蝠	466
						岩松鼠	467

花鼠	468	豹	489	山地麻蜥	507	**附录：**	
隐纹花鼠	469	野猪	490	丽斑麻蜥	508	**密云陆生野生动物**	
北松鼠	470	狍	491	乌梢蛇	509	**名录**	
复齿鼯鼠	471	中华斑羚	492	黑背白环蛇	510		
沟牙鼯鼠	472	蒙古兔	493	赤链蛇	511	附录一：	
大林姬鼠	473			刘氏白环蛇	512	密云鸟类物种名录	
黑线姬鼠	474	**第三篇**		黄脊游蛇	513		527
中华姬鼠	475	**密云两栖爬行类动**		团花锦蛇	514	附录二：	
小家鼠	476	**物资源**		赤峰锦蛇	515	密云哺乳类物种名录	
黑线仓鼠	477			白条锦蛇	516		537
大仓鼠	478	**密云两栖爬行类动物**		玉斑锦蛇	517	附录三：	
棕背䶄	479	**资源概况**	496	王锦蛇	518	密云两栖爬行类物种	
中华鼢鼠	480	中华蟾蜍	498	黑眉锦蛇	519	名录	538
猕猴	481	花背蟾蜍	499	黑头剑蛇	520		
貉	482	中国林蛙	500	虎斑颈槽蛇	521	**中文名索引**	539
赤狐	483	黑斑侧褶蛙	501	短尾蝮	522	**学名索引**	545
黄鼬	484	北方狭口蛙	502	西伯利亚蝮	523		
亚洲狗獾	485	中华鳖	503				
猪獾	486	黄纹石龙子	504	**参考文献**	524		
花面狸	487	宁波滑蜥	505				
豹猫	488	无蹼壁虎	506				

麻雀 宋会强/摄

第一篇
密云鸟类资源

密云鸟类资源概况

一、密云鸟类区系及生态类群

密云属古北界东北亚界华北区黄淮平原亚区，已记录鸟类达 411 种，隶属于 21 目 72 科，约占北京市鸟类物种总数的 80%。鸟类组成丰富多样，以古北界种类为主，但也有许多东洋界种类和广布种类，表现出古北界与东洋界物种的交错与混合。密云按分布型划分的代表鸟种主要有：

全北型：大天鹅（*Cygnus cygnus*）、鹊鸭（*Bucephala clangula*）、苍鹰（*Accipiter gentilis*）、喜鹊（*Pica serica*）、铁爪鹀（*Calcarius lapponicus*）等。

古北型：灰鹤（*Grus grus*）、豆雁（*Anser fabalis*）、黑鹳（*Ciconia nigra*）、白尾海雕（*Haliaeetus albicilla*）、红嘴鸥（*Chroicocephalus ridibundus*）、雕鸮（*Bubo bubo*）、大斑啄木鸟（*Dendrocopos major*）、云雀（*Alauda arvensis*）、黄眉柳莺（*Phylloscopus inornatus*）等。

东北型：青头潜鸭（*Aythya baeri*）、白枕鹤（*Grus vipio*）、白头鹤（*Grus monachal*）、鹊鹞（*Circus melanoleucos*）、小星头啄木鸟（*Picoides kizuki*）、小太平鸟

（*Bombycilla japonica*）等。

华北型：绿背姬鹟（*Ficedula elidae*）、山噪鹛（*Garrulax davidi*）等。

东北—华北型：牛头伯劳（*Lanius bucephalus*）、红尾伯劳（*Lanius cristatus*）、灰椋鸟（*Spodiopsar cineraceus*）等。

另外，还有少量中亚亚界的蒙新区和青藏区的种类出现，如下所示。

中亚型：石鸡（*Alectoris chukar*）、蓑羽鹤（*Grus virgo*）、蒙古沙鸻（*Charadrius mongolus*）、大鵟（*Buteo hemilasius*）、草原雕、山鹛（*Rhopophilus pekinensis*）等。

喜马拉雅—横断山区型：棕腹啄木鸟（*Dendrocopos hyperythrus*）、中华朱雀（*Carpodacus davidianus*）等。

高原型：斑头雁（*Anser indicus*）、棕头鸥（*Chroicocephalu brunnicephalus*）、粉红胸鹨（*Anthus roseatus*）等。

密云地区分布的鸟种也有一些南方种类，近年来逐渐向北扩散至本区，如下所示。

东洋型：牛背鹭（*Bubulcus ibis*）、噪鹃（*Eudynamys scolopaceus*）、四声杜鹃（*Cuculus micropterus*）、黑翅鸢（*Elanus caeruleus*）、赤腹鹰（*Accipiter soloensis*）、凤头蜂鹰（*Pernis ptilorhynchus*）、黑卷尾（*Dicrurus macrocercus*）等。

南中国型：勺鸡（*Pucrasia macrolopha*）、暗绿绣眼鸟（*Zosterops simplex*）、白头鹎（*Pycnonotus sinensis*）等。

除此之外，还有许多广布型的鸟类，如环颈雉（*Phasianus colchicus*）、黑水鸡（*Gallinula chloropus*）、乌鸫（*Turdus mandarinus*）、环颈鸻（*Charadrius alexandrinus*）等。

由于密云地处候鸟迁徙的通道上，每年春、秋两季，都会有种类繁多的雁鸭、鹤、鸥、鸻鹬、部分猛禽以及燕科、柳莺科、鸦科、鹡鸰科、燕雀科、鸫科等雀形目鸟类出现在密云，使得密云鸟类的种类非常丰富。

从生态类群来看，密云区鸟类涵盖陆禽、游禽、涉禽、攀禽、猛禽、鸣禽六大生态类群，在森林、湿地以及城市公园绿地等各种生境中均有分布。

陆禽的后肢强壮，擅长在地面奔走，并且喙强壮，适于啄食，包括鸡形目和鸽形目鸟类。鸠鸽类虽然善飞翔，但主要在地面取食，因此也被归于陆禽。密云共有12种陆禽，勺鸡（*Pucrasia macrolopha*）常见于中高山地中，而鹌鹑（*Coturnix japonica*）、毛腿沙鸡（*Syrrhaptes paradoxus*）在迁徙季节见于平原草地，环颈雉（*Phasianus colchicus*）、珠颈斑鸠（*Streptopelia chinensis*）、山斑鸠（*Streptopelia orientalis*）则常见于城市公园和农田。

游禽的脚通常为蹼状或具有蹼状趾，善游泳。尾脂腺发达，能分泌大量油脂涂抹于全身羽毛，以防水并保温。喙形或扁或尖，适于在水中滤食或捕鱼。密云共有 64 种游禽，包含种类繁多的鸭类、鸊鷉、天鹅等。

涉禽的外形具有喙长、颈长、腿脚长的特征，有助于在水中和浅水区域行走和觅食，但不擅长游泳。密云共有 81 种涉禽，典型的代表类群是鹤和鹭，还有体形较小的鸻鹬类。灰鹤（*Grus grus*）经常在不老屯和太师屯等水库周边区域越冬，白枕鹤（*Grus vipio*）在春季迁徙时也经常集群在密云水库周边停留补给；夏季，苍鹭（*Ardea cinerea*）等在库中岛的林冠层集群筑巢繁殖。

攀禽具有强壮的脚趾和锐利的爪，并且脚趾类型多样，如两趾向前、两趾朝后的啄木鸟与杜鹃，四趾朝前的雨燕，三、四趾基部并连的翠鸟等，适于在崖壁或岩石表面以及树干上攀行。密云共有 25 种攀禽，分布在不同环境区域。啄木鸟广泛分布于各海拔的林地；大杜鹃（*Cuculus canorus*）集中在有东方大苇莺（*Acrocephalus orientalis*）繁殖的湿地苇丛地带；戴胜（*Upupa epops*）则觅食于草地和农田中，筑巢于树洞中；普通翠鸟（*Alcedo atthis*）捕食水中的小鱼和大型昆虫，在土壁上掘洞营巢繁殖。

猛禽具有锐利的喙和强壮的爪，视觉能力突出，飞翔能力优秀，善于在空中发现猎物，常利用高空俯冲、潜伏待击或者猎食追击等方式捕捉猎物。羽色常以灰褐色、黑色、棕色为主。雀鹰（*Accipiter nisus*）、红隼（*Falco tinnunculus*）等猛禽常在白天活动，而雕鸮（*Bubo bubo*）等则主要在夜间进行觅食活动。密云共有 40 种猛禽。金雕（*Aquila chrysaetos*）、秃鹫（*Aegypius monachus*）、雕鸮等常年在山地高海拔处留居并繁殖；赤腹鹰（*Accipiter soloensis*）、红脚隼（*Falco amurensis*）、红角鸮（*Otus sunia*）等在海拔 1000 米以下的中低山至平原繁殖；冬候鸟大鵟（*Buteo hemilasius*）、毛脚鵟（*Buteo lagopus*）常在水库边农田上空盘旋；白尾海雕（*Haliaeetus albicilla*）主要在水库的冰面上空寻找食物。

鸣禽种类繁多，鸣叫器官发达，善于通过鸣声来交流、宣告领地或吸引配偶，繁殖时有复杂多变的行为。密云共有 189 种鸣禽，种类最为丰富，其中，根据本地观测数据，将画眉列入密云鸟类名录（北京市暂未列入），定为留鸟。密云分布的 5 个中国特有种均为鸣禽：山鹛（*Rhopophilus pekinensis*）、山噪鹛（*Pterorhinus davidi*）和银喉长尾山雀（*Aegithalos glaucogularis*）主要分布于中低海拔山地；中华朱雀（*Carpodacus davidianus*）主要在亚高山林

地繁殖；乌鸫（*Turdus mandarinus*）主要栖息于平原草地或园圃间。

二、密云鸟类保护工作

近年来，密云区积极开展鸟类资源本底调查，于2019年启动了陆生野生动物本底调查工作，2021年开始公布野生动物名录，并持续更新。自2020年年初，密云区进一步完善鸟类资源监测体系建设，从天、地、空布局鸟类监测工作，收集融合多层次监测数据。自监测系统建设以来，始终坚持引导大众积极参与调查，提升其鸟类保护意识，组建野保志愿者队伍，让越来越多的公民参与到鸟类调查与记录的队伍中，在鸟类的保护宣教、日常救护、候鸟监测工作中发挥着巨大的作用。除了人工监测外，通过与北京师范大学、中国科学院动物研究所等科研院校深入合作，利用各类先进的自动化智能监测设备提升鸟类监测能力，使密云区鸟类资源保护工作基本实现了智能化管理。

在保护工作的开展之下，一些难得一见的鸟类重新进入公众视野，鹤类、鹳类等旗舰物种不仅种群稳定且数量逐年增加，充分说明密云整体的生态环境和生态承载力越来越好。自2020年以来，"北京市密云区园林绿化局鸟类监测系统"的监测报告已超过7000份，记录鸟类数据近10万条，收集声纹数据100多万条。这些科学数据使人们对密云的鸟种多样性、种群数量、生活习性、时空分布有了较为完整的认识，并支撑着密云区鸟类名录的编制及动态更新、重要物种与重要栖息地的保护、疫源疫病防控、群众性观鸟活动、中小学生科普宣教、生态系统健康评估等各项工作，同时助力密云实现绿色高质量发展。

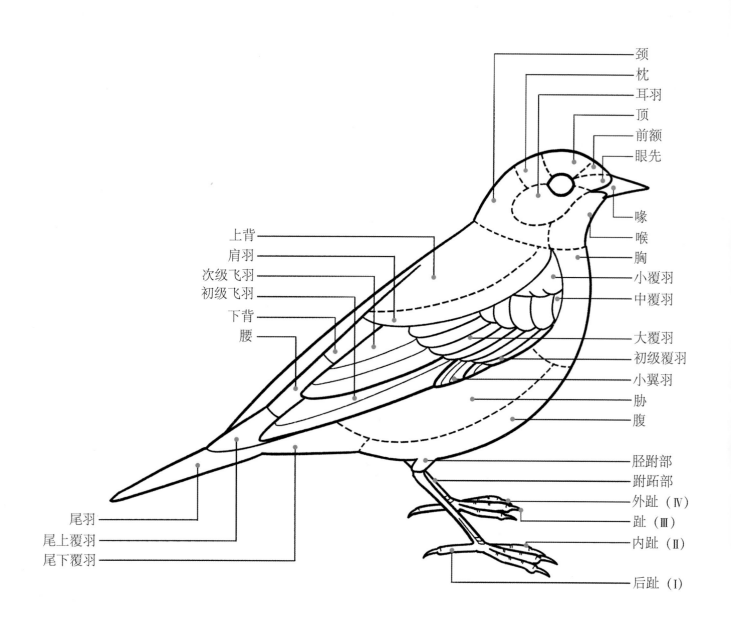

鸟类全身形态特征图

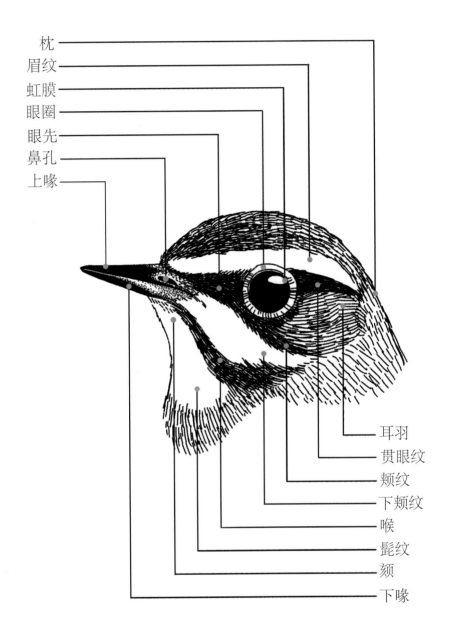

鸟类头部形态特征图

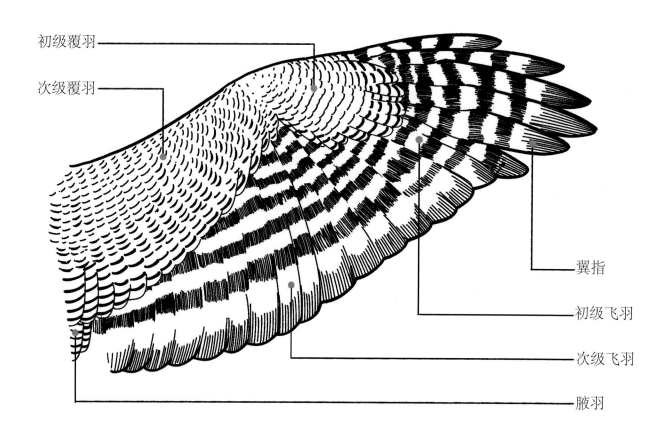

鸟类翼下形态特征图

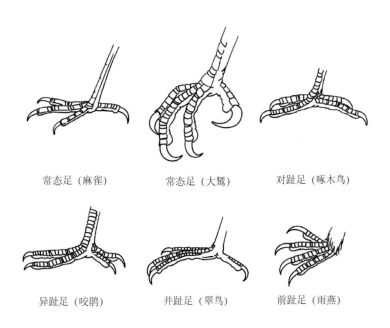

鸟类足部形态特征图

鸡形目

鸡形目（GALLIFORMES），主要在地面取食的陆禽，身体结实，喙短，呈圆锥形，翼短圆，不善飞，脚强健，具锐爪，善于行走和掘地寻食，雄鸟羽色较鲜艳，食性杂，主要取食植物种子和果实，也捕食昆虫和小型无脊椎动物。栖息地环境多样，在密云分布广泛。北京市分布1科6种，密云区分布1科5种，代表种勺鸡、环颈雉等。中国是世界上野生雉类资源最丰富的国家，堪称雉鸡王国。

石鸡 董柏/摄

鸡形目 雉科

石鸡

北京市重点保护野生动物

拼音：shí jī　学名：*Alectoris chukar*　英文名：Chukar Partridge

董柏 / 摄

董柏 / 摄

宋会强 / 摄

生物学特性： 留鸟，体长约 38 厘米。喉白，脸部具黑色条纹，与亮红色的喙及肉色眼圈形成对比。背部粉灰色，两胁具黑色、栗色横斑及白色条纹。雄鸟的叫声为一连串越来越高的"咔、咔、咔咔"声。常成对或成群活动于开阔山区与河谷，主要取食植物性食物和小型无脊椎动物。

分布： 广布于我国北方，在密云偶见于山地河谷。

鹌鹑

拼音：ān chún　**学名**：*Coturnix japonica*　**英文名**：Japanese Quail

董柏 / 摄

王志义 / 摄

杜卿 / 摄

生物学特性：旅鸟或冬候鸟，体长约18厘米。带明显的草黄色矛状条纹，雄鸟脸颊深褐色，雌鸟颜色稍浅。眉纹皮黄色，与褐色的头顶形成明显对比。鸣声如滴水般，为三音节，响亮而清晰。单独或成对活动，多出现在草地和农田，主要取食植物性食物和小型无脊椎动物。

分布：广布于我国东部各地，在密云见于农田、湿地和草地。

鸡形目 雉科

斑翅山鹑

北京市重点保护野生动物

拼音：bān chì shān chún　　学名：*Perdix dauurica*　　英文名：Daurian Partridge

宋会强 / 摄

宋会强 / 摄

宋会强 / 摄

生物学特性： 留鸟，体长约 28 厘米的灰褐色鹑类。腹部中央有一倒"U"形黑色斑块，喉部橘黄色且有羽须。雌鸟胸部无橘黄色及黑色。鸣叫似"嘎嘎"声。多生活在广阔的草原和湿地周边，主要取食植物性食物和小型无脊椎动物。

分布： 常见于我国北方各地，密云偶见。

鸡形目 雉科

勺鸡

国家二级重点保护野生动物

拼音：sháo jī　　**学名**：*Pucrasia macrolopha*　　**英文名**：Koklass Pheasant

李占芳 / 摄　　　　　　　　　　　　　　　　　　　宋会强 / 摄

（雌）宋会强 / 摄

（雌）宋会强 / 摄

生物学特性：留鸟，体长约 55 厘米。雄鸟头部黑绿色，具有突出的黑褐色冠羽，如勺状，由此得名。颈部两侧各有一白斑。体羽多 "V" 形纵纹。雌鸟体羽以棕褐色为主。栖息于山地中高海拔的针阔混交林和较密的灌丛，常常单只或成对活动，主要取食植物性食物和小型无脊椎动物。

分布：广布于我国华北至华南、西南地区的山地，在密云见于雾灵山、云蒙山等山地森林。

鸡形目 雉科

环颈雉

拼音：huán jǐng zhì　　**学名**：*Phasianus colchicus*　　**英文名**：Common Pheasant

宋会强 / 摄

（雌）贺建华 / 摄

宋会强 / 摄

生物学特性： 留鸟，体长约 85 厘米。雄鸟颜色艳丽，我国东部地区的亚种有白色颈圈，体羽颜色多样，披金挂彩，尾羽长而具黑色横纹，容易辨识。雌鸟颜色暗淡，密布浅褐色斑纹。受惊时迅速起飞，扑翅声音大。雄鸟鸣声为响亮而短促的"嘎、嘎"两声。大多单独或成对活动，雌鸟带着雏鸟时偶尔成群活动。栖息于不同高度的开阔林地、灌丛及农耕地，主要取食植物性食物和小型无脊椎动物。

分布： 我国各地可见，密云林地和乡村常见。

雁形目

雁形目（ANSERIFORMES），大中型游禽，喙宽而扁，有些具钩。翼窄而尖，善于长距离飞行，脚具蹼，善于游水。尾短而尾脂腺发达。食性杂，食物包括水生植物、藻类、水生昆虫、软体动物、鱼类等。大多具迁徙习性。雁形目的鸟通常被称为"鸭"或"雁"，包括人们通常所说的鸭、潜鸭、天鹅以及各种雁类等。北京市分布1科40种，密云区分布1科36种。代表种有豆雁、大天鹅、鸳鸯等。

疣鼻天鹅 董柏/摄

雁形目 鸭科

鸿雁

国家二级重点保护野生动物

拼音：hóng yàn　　学名：*Anser cygnoides*　　英文名：Swan Goose

宋会强 / 摄

王丙义 / 摄

王志义 / 摄

生物学特性： 旅鸟，体长约 88 厘米。颈长，喙长且黑色，喙基有一道狭窄的白线，前颈色浅，后颈色深，对比明显。身体以黑褐色为主，腿粉红色。常边飞边鸣叫，声调悠长。常集大群栖息于湖泊、水库及周边的草地田野，主要取食湿地植物的根茎。

分布： 在我国东北地区繁殖，越冬于华中和华南地区，见于密云水库东北部及周边地区。

雁形目 鸭科

豆雁

北京市重点保护野生动物

拼音：dòu yàn　　**学名**：*Anser fabalis*　　**英文名**：Bean Goose

贺建华 / 摄

贺建华 / 摄

宋会强 / 摄

生物学特性：旅鸟或冬候鸟，体长 70~89 厘米的深色雁。喙前端具黄色斑块，头较扁而颈较长，颈部黄褐色，身体以黑褐色为主。成群活动于湖泊、水库及周围的沼泽草地和田地，主要取食植物根茎及农田中存留的作物。

分布：多在我国南方越冬，迁徙时经过北方和东部各地，常见于密云水库东北部及周边地区。

雁形目 鸭科

短嘴豆雁

拼音： duǎn zuǐ dòu yàn　**学名：** *Anser serrirostris*　**英文名：** Tundra Bean Goose

宋会强 / 摄

宋会强 / 摄

宋会强 / 摄

生物学特性： 旅鸟或冬候鸟，体长约 80 厘米。羽色与豆雁非常相似，相比而言，体型较小，喙和颈部相对更短，喙基显得较厚。常集群活动于湿地及周边的农田，主要取食湿地植物的根茎及农田中存留的农作物。

分布： 多在我国南方越冬，迁徙时经过北方和东部各地，常见于密云水库东北部及周边地区。

雁形目 鸭科

灰雁

北京市重点保护野生动物

拼音：huī yàn　　学名：*Anser anser*　　英文名：Graylag Goose

董柏 / 摄

崔仕林 / 摄

宋会强 / 摄

生物学特性： 旅鸟，体长约 76 厘米的灰褐色雁。粉红色的喙和腿非常显眼，体羽以灰褐色为主，羽缘具白色，呈现波纹状图案。飞行时翅下前部的浅灰色与后部的黑色对比明显。鸣声较深沉。主要栖息于湿地沼泽、湖泊和周边草地，常与其他雁类混群。取食多种植物的根茎。

分布： 在我国北方繁殖，在中部和南方的湖泊越冬，偶见于密云水库东北部及周边地区。

雁形目 鸭科

白额雁　　国家二级重点保护野生动物

拼音： bái é yàn　　**学名：** *Anser albifrons*　　**英文名：** White-fronted Goose

宋会强 / 摄

宋会强 / 摄

张德怀 / 摄

生物学特性： 旅鸟，体长 70~86 厘米的深色雁。喙前端粉红色，喙基至额部有显眼的大片白色斑块。通体以深灰褐色为主，腹部有多个不规则的黑色斑块，站立时翅尖与尾尖基本平齐。鸣声比较嘈杂，声调比豆雁和灰雁更高。栖息于湖泊、河道及周边草地，以植物根茎为主要食物。

分布： 迁徙时经过我国东北和华北地区，越冬于长江中下游地区，偶见于密云水库东北部及周边地区。

雁形目 鸭科

小白额雁　　国家二级重点保护野生动物

拼音：xiǎo bái é yàn　　学名：*Anser erythropus*　　英文名：Lesser White-fronted Goose

宋会强 / 摄　　　　　　　　　　　　　　　　　　　　　　　　　宋会强 / 摄

生物学特性： 旅鸟，体长 56~66 厘米的深色雁。与白额雁的羽色相似，喙基至额部的白斑较窄，眼圈金黄色。腹部的黑色斑块不如白额雁显眼，看起来比较干净。站立时翅尖超过尾尖。飞行时的鸣声音调比白额雁略高。迁徙和越冬时常与白额雁混群，习性相似。

分布： 迁徙时经过我国东部，越冬于长江中下游地区，偶见于密云水库东北部及周边地区。

雁形目 鸭科

斑头雁

拼音：bān tóu yàn　**学名**：*Anser indicus*　**英文名**：Bar-headed Goose

张德怀 / 摄

宋会强 / 摄

宋会强 / 摄

生物学特性：旅鸟，体长 62~85 厘米的灰色雁。头顶白色，头后有两道黑色斑纹，中文名由此而来。喙黄色，喉部白色，延伸至颈部两侧。体羽以灰色为主，腹部颜色稍浅。栖息在高原湖泊及沼泽湿地，以植物根茎为主要食物。

分布：在我国主要分布于青藏高原及其周边区域，越冬于淡水湖泊，偶见于密云水库东北部及周边地区。

雁形目 鸭科

疣鼻天鹅　　国家二级重点保护野生动物

拼音：yóu bí tiān é　　**学名**：*Cygnus olor*　　**英文名**：Mute Swan

贺建华 / 摄

杜卿 / 摄

宋会强 / 摄

生物学特性：旅鸟，体长约150厘米，优雅的白色天鹅。喙橘红色，雄鸟前额有一黑色疣状突起，在水中时颈部呈优雅的"S"形。几乎不鸣叫。受威胁时会发出低沉的声音。栖息于湖泊、河流等湿地，飞行时振翅慢而有力。主要以水生植物和小型无脊椎动物为食。

分布：在我国西北、东北地区偶有繁殖，越冬于黄渤海沿岸，偶见于密云水库及周边地区。

雁形目 鸭科

小天鹅

国家二级重点保护野生动物

拼音：xiǎo tiān é　　学名：*Cygnus columbianus*　　英文名：Tundra Swan

刘春兰 / 摄

老马 / 摄

宋会强 / 摄

生物学特性： 旅鸟，体长 110~130 厘米的天鹅。与大天鹅非常相似，体型略小，喙基部的黄色斑块不延伸到鼻孔下方。鸣声似大天鹅，但音量较大。栖息于水生植物丰富的湖泊、河道，有时也到草滩和农田，主要取食水生植物和小型无脊椎动物。

分布： 在我国迁徙时经过北方地区，越冬于长江中下游及台湾地区，见于密云水库及周边河流。

雁形目 鸭科

大天鹅　　国家二级重点保护野生动物

拼音：dà tiān é　　学名：*Cygnus cygnus*　　英文名：Whooper Swan

宋会强 / 摄

宋会强 / 摄

宋会强 / 摄

生物学特性：旅鸟，体长 145~160 厘米的天鹅。体型比小天鹅明显更大，喙前端黑色，喙基部的黄色斑块向前延伸到鼻孔下方。游水时颈部较疣鼻天鹅更直。亚成体羽色偏灰。飞行时常发出高亢的鸣声，习性与小天鹅相似。

分布：在我国迁徙时经过北方地区，越冬于华北地区至长江中下游，在密云以旅鸟为主，近年来形成了比较稳定的越冬种群。

雁形目 鸭科

翘鼻麻鸭

拼音：qiào bí má yā　　**学名**：*Tadorna tadorna*　　**英文名**：Common Shelduck

（雌、雄）董柏 / 摄

董柏 / 摄

（雌）廉士杰 / 摄

生物学特性：旅鸟或冬候鸟，体长 55~65 厘米色彩醒目的鸭类。通体暗绿色和白色相间，喙红色，雄鸟额部有红色瘤状突起。胸部有一条栗色横带。春季多鸣叫，雄鸟可发出低沉的哨音。栖息于开阔的湖泊、草地沼泽和河口等湿地，喜营巢于咸水湖的岸边洞穴，主要取食水生植物和小型无脊椎动物。

分布：在我国繁殖于北方地区，迁徙至华中和东南部地区越冬，密云可见。

雁形目 鸭科

赤麻鸭　　北京市重点保护野生动物

拼音：chì má yā　　学名：*Tadorna ferruginea*　　英文名：Ruddy Shelduck

（雌）贺建华 / 摄

贺建华 / 摄

宋会强 / 摄

（雌）董柏 / 摄

生物学特性： 旅鸟或冬候鸟，体长 58~70 厘米的栗红色鸭类。外形似雁。雄鸟夏季有狭窄的黑色领圈。飞行时白色的翅上覆羽及铜绿色翼镜清晰可见。喙和腿黑色。鸣声频率较低，经常边飞边鸣叫。栖息于高原湖泊至平原湿地的各类水体中，比较耐寒。主要以各类水生植物和小型水生动物为食。

分布： 在我国北方和青藏高原广泛繁殖，迁徙至华中和华南地区的淡水湿地越冬，常见于密云水库周边和潮白河流域。

雁形目 鸭科

鸳鸯

国家二级重点保护野生动物

拼音：yuān yāng　　学名：*Aix galericulata*　　英文名：Mandarin Duck

贺建华 / 摄

（雌）杜卿 / 摄

（雌）张德怀 / 摄

生物学特性：夏候鸟、旅鸟或留鸟，体长 41~51 厘米色彩艳丽的鸭类。雄鸟有醒目而宽大的白色眉纹，羽色多样，背部两侧有特化的栗红色"帆羽"，非常漂亮。雌鸟以灰褐色为主，眼后具细的白纹。雄鸟的非繁殖羽似雌鸟，但喙为红色。很少鸣叫，偶尔在飞行时会发出细弱的联络声。栖息于河流、湖泊等各类湿地，筑巢于树洞中。以水生植物和小型水生动物为主要食物。

分布：在我国东北和华北地区繁殖，冬季大多迁至南方越冬，密云较为常见。

雁形目 鸭科

赤膀鸭 北京市重点保护野生动物

拼音：chì bǎng yā　　学名：*Mareca strepera*　　英文名：Gadwall

宋会强 / 摄　　　　　　　　　　　　　　　　宋会强 / 摄

（右下角雌鸟）宋会强 / 摄

生物学特性： 旅鸟，体长 45~57 厘米的鸭类。羽色以棕褐色为主，翼镜白色，覆羽栗红色，飞行时很明显，停栖时也可见。雄鸟喙黑色，胸部具细密的云纹，雌鸟喙两侧橘黄色。很少鸣叫，栖于开阔的淡水湖泊及沼泽地带。以水生植物的根茎和草籽等为主要食物。

分布： 在我国繁殖于东北地区及新疆西部，越冬于长江以南大部分地区，密云常见。

雁形目 鸭科

罗纹鸭

北京市重点保护野生动物

拼音：luó wén yā　　学名：*Mareca falcata*　　英文名：Falcated Duck

（雌、雄）宋会强 / 摄

宋会强 / 摄

宋会强 / 摄

生物学特性： 旅鸟，体长46~54厘米的鸭类。雄鸟头顶栗红色，头侧的绿色冠羽垂至颈侧，具金属光泽，非常闪亮。喉白色而具黑色环纹，胸部具细密的云纹。雌鸟以棕褐色为主，具"V"形黑纹。翼镜为墨绿色。喜集大群，停栖水上，常与其他物种混群，几乎不鸣叫。以水生植物的根茎和草籽等为主要食物。

分布： 在我国繁殖于东北地区湖泊和湿地，冬季在华北至华南、西南地区越冬，密云常见。

雁形目 鸭科

赤颈鸭

拼音： chì jǐng yā **学名：** *Mareca penelope* **英文名：** Eurasian Wigeon

（雌、雄）宋会强 / 摄

（雌）贺建华 / 摄

廉士杰 / 摄

董柏 / 摄

生物学特性： 旅鸟，体长 42~51 厘米的鸭类。喙蓝灰色，喙尖黑色。雄鸟头部栗色，头顶皮黄色，显得头部很大。体羽以灰色为主，尾下覆羽黑色。雌鸟通体以棕褐色为主。翼镜为黑色和绿色。雄鸟鸣叫较悦耳，如哨笛声，雌鸟鸣声较短促。栖息于湖泊、沼泽及河口地带，以水生植物的根茎和草籽等为主要食物。

分布： 繁殖于我国东北地区，越冬于黄河以南的广大地区，密云常见。

雁形目 鸭科

绿头鸭

拼音：lǜ tóu yā　　学名：*Anas platyrhynchos*　　英文名：Mallard

（雌、雄）宋会强 / 摄

张德怀 / 摄

（雌）王家春 / 摄

贺建华 / 摄

生物学特性： 夏候鸟、冬候鸟或旅鸟，近年来有小种群已成为留鸟。体长 55~70 厘米的鸭类，为家鸭的祖先。雄鸟头颈部绿色，带金属光泽，具白色颈环，容易辨识。雌鸟以棕褐色为主。翼镜蓝紫色。栖息于各类水体和湿地，鸣声似家鸭，以水生植物的根茎和草籽等为主要食物。

分布： 分布于我国大部分地区，密云常年可见。

雁形目 鸭科

斑嘴鸭

拼音：bān zuǐ yā　　**学名**：*Anas zonorhyncha*　　**英文名**：Chinese Spot-billed Duck

张德怀 / 摄

宋会强 / 摄

张德怀 / 摄

生物学特性：夏候鸟、冬候鸟或旅鸟，体长约60厘米的深褐色鸭。上背灰褐色，具棕色条纹，腹部以褐色为主，上喙黑色，端部黄色，有黑色的细长贯眼纹，喙基有一黑线，三级飞羽白色，翼镜蓝紫色。雌鸟羽色较暗。栖息于江河、沼泽、湖泊和沿海地带，以水生植物、昆虫和软体动物等为食。繁殖期5~7月，在岸边草丛和岩石间营巢。

分布：我国广泛分布，密云常年可见。

雁形目 鸭科

针尾鸭

北京市重点保护野生动物

拼音： zhēn wěi yā　　**学名：** *Anas acuta*　　**英文名：** Northern Pintail

贺建华 / 摄

（雌）宋会强 / 摄

贺建华 / 摄

生物学特性： 旅鸟，体长约 55 厘米，尾长而尖。雄鸟头棕色，喉白色，两胁有灰色扇贝形纹，尾黑，中央尾羽特长，两翼灰色，具铜绿色翼镜，腹部白色。雌鸟暗褐色，背部多黑斑，腹部皮黄色，胸部具黑点，两翼灰色，翼镜褐色。喜沼泽、湖泊、大河流及沿海地带。常在水面取食，有时探入浅水。

分布： 繁殖于新疆西北部及西藏南部地区，冬季迁至我国北纬 30°以南包括台湾的大部地区，密云常见。

雁形目 鸭科

绿翅鸭

拼音：lǜ chì yā　　学名：*Anas crecca*　　英文名：Eurasian Teal

宋会强 / 摄

董柏 / 摄

（雌）宋会强 / 摄

生物学特性： 旅鸟，体长约37厘米，飞行快速的鸭类。雄鸟头颈部栗色，眼周至后颈有绿色条带，体侧有明显白线，具翠绿色闪着金属光泽的翼镜，尾下覆羽两侧有黄色三角形斑块。雌鸟体羽褐色而斑驳，翼镜较小。常成群活动于江河、湖泊和海湾等水域，以植物性食物和软体动物为食。5~7月在岸边灌草丛中营巢。

分布： 我国广泛分布，密云常见。

雁形目 鸭科

琵嘴鸭　　北京市重点保护野生动物

拼音：pí zuǐ yā　　学名：*Spatula clypeata*　　英文名：Northern Shoveler

宋会强 / 摄

董柏 / 摄

（雌）贺建华 / 摄

生物学特性： 旅鸟，体长约 50 厘米。特征明显，喙特长，末端呈匙形，似琵琶。雄鸟腹部栗色，胸白色，头深绿色而具光泽。雌鸟体羽褐色而斑驳，尾近白色，贯眼纹深色。飞行时浅灰蓝色的翼上覆羽与深色飞羽和绿色翼镜形成对比。常在沿海的潟湖、池塘、湖泊及红树林沼泽栖息，食物以水生软体动物和昆虫为主，也吃草籽等植物性食物。

分布： 见于全国各地，密云常见。

雁形目 鸭科

白眉鸭

北京市重点保护野生动物

拼音：bái méi yā　　学名：*Spatula querquedula*　　英文名：Garganey

（雌、雄）贺建华 / 摄

宋会强 / 摄

宋会强 / 摄

生物学特性： 旅鸟，体长约 40 厘米。雄鸟的头为巧克力色，具宽阔的白色眉纹；胸和背部棕色，腹白色；肩羽较长，黑白色；翼镜为闪亮的绿色，带白色边缘。雌鸟褐色的头部图纹显著，翼镜暗橄榄色。主要以植物性食物为主。

分布： 繁殖于我国北方，越冬于南方。密云常见。

雁形目 鸭科

花脸鸭　　国家二级重点保护野生动物

拼音：huā liǎn yā　　**学名**：*Sibirionetta formosa*　　**英文名**：Baikal Teal

宋会强 / 摄

（雌）贺建华 / 摄

宋会强 / 摄

生物学特性：旅鸟，体长约 42 厘米。雄鸟头顶颜色深，脸上具有纹理分明的亮绿色和显眼的黄色月牙形斑块；胸部多斑点，呈棕色，两胁具鳞状纹；翼镜铜绿色，臀部黑色。雌鸟似白眉鸭及绿翅鸭，但体型略大且喙基有白点。喜集大群并常与其他种混群。取食于水面及稻田。栖于湖泊、河口地带。以植物性食物为主。

分布：繁殖于我国东北的小型湖泊，在华中和华南的一些地区越冬。密云偶见。

雁形目 鸭科

赤嘴潜鸭

拼音：chì zuǐ qián yā　　学名：*Netta rufina*　　英文名：Red-crested Pochard

（雌）贺建华／摄

宋会强／摄

董柏／摄

生物学特性： 旅鸟，体长约55厘米的潜水鸭。繁殖期雄鸟易识别，锈色的头部和橘红色的喙具有鲜明对；两胁白色，尾部黑色，翼下羽白色。雌鸟褐色，两胁无白色，但喉及颈侧为白色，枕部深褐色。非繁殖期雄鸟似雌鸟但喙为红色。栖于有植被或芦苇的湖泊或缓水河流。食物以水藻等水生植物为主。
分布： 在我国北方地区繁殖，越冬于南方地区，密云偶见。

雁形目 鸭科

红头潜鸭

北京市重点保护野生动物

拼音：hóng tóu qián yā　　学名：*Aythya ferina*　　英文名：Common Pochard

（雌、雄）宋会强 / 摄

杜卿 / 摄

宋会强 / 摄

生物学特性： 旅鸟，体长约 46 厘米的潜水鸭。雄鸟栗红色的头部与亮灰色的喙、黑色的胸部及背部形成鲜明对比；腰黑色但背及两胁显灰色，近看为白色带黑色蠕虫状细纹。雌鸟背灰色，头、胸及尾近褐色，眼周皮黄色。栖于有茂密水生植被的池塘及湖泊，以水藻等水生植物为食，也吃小型水生无脊椎动物。

分布： 见于全国各地，密云常见。

雁形目 鸭科

青头潜鸭　　国家一级重点保护野生动物

拼音：qīng tóu qián yā　　学名：*Aythya baeri*　　英文名：Baer's Pochard

徐赵东 / 摄

宋会强 / 摄

宋会强 / 摄

生物学特性： 旅鸟，体长约 45 厘米。繁殖期头部亮绿色，非繁殖期黑绿色，显得头比较大；胸深褐色，腹部及两肋白色。与雄性凤头潜鸭区别在于头部无冠羽，体型较小，尾下羽白色。与白眼潜鸭区别在于棕色多些，赤褐色少些，腹部白色延及体侧。常与其他鸭类混群活动。栖于池塘、湖泊及缓水，以水生植物和软体动物、水生昆虫等为食。

分布： 繁殖于东北和华北地区，越冬于华中及华南地区，密云偶见。

雁形目 鸭科

白眼潜鸭 北京市重点保护野生动物

拼音：bái yǎn qián yā   学名：*Aythya nyroca*   英文名：Ferruginous Duck

（雌、雄）宋会强 / 摄

贺建华 / 摄

杜卿 / 摄

生物学特性： 旅鸟，体长约 41 厘米的全深色型鸭。仅眼及尾下羽白色。雄鸟头、颈、胸及两胁浓栗色，虹膜白色。雌鸟暗烟褐色，虹膜褐色。侧看头部羽冠高耸。飞行时，飞羽为白色带狭窄黑色后缘。栖居于沼泽及淡水湖泊，冬季也活动于河口及沿海潟湖。怯生谨慎，成对或成小群活动。

分布： 繁殖于新疆西部、南部及内蒙古的乌梁素海，越冬于长江中游地区、云南西北部，密云较常见。

雁形目 鸭科

凤头潜鸭　　北京市重点保护野生动物

拼音：fèng tóu qián yā　　学名：*Aythya fuligula*　　英文名：Tufted Duck

宋会强 / 摄

宋会强 / 摄

（雌）宋会强 / 摄

生物学特性： 旅鸟，体长约 42 厘米矮扁结实的鸭。头带特长羽冠，雄鸟全身黑白相间，头、颈、上体、胸和尾下覆羽黑色，腹部及两胁白色，虹膜黄色。雌鸟深褐色，两胁褐色而羽冠短。飞行时二级飞羽呈白色带状。尾下羽偶为白色。雌鸟有浅色脸颊斑。雏鸟似雌鸟但虹膜为褐色。常见于湖泊及深池塘，潜水找食，飞行迅速。
分布： 繁殖于我国东北，迁徙时经我国大部地区（包括台湾），至华南地区越冬，密云常见。

雁形目 鸭科

斑背潜鸭

拼音：bān bèi qián yā　**学名：** *Aythya marila*　**英文名：** Greater Scaup

（雌、雄）王大勇 / 摄

（雌）宋会强 / 摄

宋会强 / 摄

生物学特性： 旅鸟，体长约48厘米。雄鸟身体比凤头潜鸭长，背灰色，无羽冠。雌鸟与雌凤头潜鸭区别在于喙基白色。与小潜鸭甚相像，但体形较大且无小潜鸭的短羽冠。飞行时初级飞羽基部为白色。求偶炫耀时雄鸟发出"咕咕"声及哨音，雌鸟回声生硬粗哑。其他时候极安静。多在沿海水域或河口活动，也见于淡水湖泊，成群栖居。

分布： 迁徙时见于黄海地区，越冬于我国东南部和华南沿海地区及台湾，密云罕见。

雁形目 鸭科

斑脸海番鸭

拼音：bān liǎn hǎi fān yā　　**学名**：*Melanitta stejnegeri*　　**英文名**：Siberian Scoter

张明 / 摄

（雌）小康 / 摄

（雌）小康 / 摄

生物学特性：旅鸟，体长约 56 厘米的深色矮扁型海鸭。雄性成鸟全黑，眼下及眼后有白点，虹膜白色，喙灰色，但喙端黄色，且喙侧带粉色。雌鸟烟褐色，眼和喙之间及耳羽上各有一白点。在内陆繁殖，海上越冬。

分布：迁徙时见于我国东北地区，尤其是北戴河，偶见于香港，密云偶见。

雁形目 鸭科

长尾鸭 北京市重点保护野生动物

拼音：cháng wěi yā 学名：*Clangula hyemalis* 英文名：Long-tailed Duck

（雌）黄广生 / 摄

小康 / 摄

生物学特性： 旅鸟，体长约58厘米的灰、黑及白色鸭。冬季雄鸟中央尾羽特别延长，胸黑色，颈侧有大块黑斑。冬季雌鸟褐色而头、腹白色，顶盖黑色，颈侧有黑斑。飞行时可见黑色翼下羽及白色腹部。雄鸟在炫耀时叫声相当嘈杂。雌鸟有多变低弱的"呱呱"声。冬季栖于沿海浅水区，少见于淡水中。潜水寻食，散乱低飞于水面。
分布： 在我国为非常罕见的冬候鸟，越冬于河北、长江中游地区及福建，密云罕见。

雁形目 鸭科

鹊鸭

北京市重点保护野生动物

拼音：què yā　　学名：*Bucephala clangula*　　英文名：Common Goldeneye

（雌、雄）宋会强／摄

（雌）宋会强／摄

宋会强／摄

生物学特性：旅鸟或冬候鸟，体长约 48 厘米的深色潜鸭。雄鸟头部黑色，有绿色金属光泽，虹膜金黄色，颊部有大型白色圆斑，背部和飞羽黑色，外侧肩羽和腹部白色。雌鸟烟灰色，头颈部褐色，喙前端有黄色斑点。栖息于湖泊和沿海水域，善于潜水，能长时间潜入水下捕食软体动物、小鱼和甲壳类等。繁殖期 5~7 月，在林中河流、湖泊岸边的树洞中营巢。

分布：我国广泛分布，密云迁徙季常见。

雁形目 鸭科

斑头秋沙鸭 国家二级重点保护野生动物

拼音：bān tóu qiū shā yā　　学名：*Mergellus albellus*　　英文名：Smew

董柏 / 摄

（雌）廉士杰 / 摄

生物学特性：旅鸟或冬候鸟，体长约 40 厘米的黑白色秋沙鸭。繁殖期雄鸟大体为白色，但贯眼纹、枕纹、上背、初级飞羽及胸侧具黑色狭窄条纹，体侧具灰色细纹。雌鸟及非繁殖期雄鸟背部灰色，具两道白色翼斑，腹部白色，额、顶及枕部栗色。与普通秋沙鸭的区别在于喉部白色。栖于小池塘及河流，在树洞中繁殖。潜水捕食小鱼和软体动物等。

分布：繁殖于内蒙古东北部的沼泽地区，冬季南迁时经过我国大部分地区，密云迁徙季常见。

雁形目 鸭科

普通秋沙鸭 北京市重点保护野生动物

拼音：pǔ tōng qiū shā yā　　学名：*Mergus merganser*　　英文名：Common Merganser

张小玲 / 摄

宋会强 / 摄

（雌）杜卿 / 摄

生物学特性： 旅鸟或冬候鸟，体长约 68 厘米。喙长而红色，尖端略下弯。雄鸟头黑绿色，有金属光泽，枕部有短的黑色羽冠，初级飞羽黑灰色，其余体羽白色。雌鸟头和上颈棕褐色，颏及喉部白色，其余以灰色为主。主要栖息在淡水湖泊和河流；善于潜水，以鱼类为主食。繁殖期 4~5 月，在水域岸边的岩壁上营巢，有时也在树洞或地穴中营巢。

分布： 我国大部分地区常见，密云迁徙季常见。

雁形目 鸭科

红胸秋沙鸭 北京市重点保护野生动物

拼音：hóng xiōng qiū shā yā **学名**：*Mergus serrator* **英文名**：Red-breasted Merganser

杜卿 / 摄

（雌）小康 / 摄

（雌）杜卿 / 摄

生物学特性：旅鸟，体长约 53 厘米的深色秋沙鸭。喙细长而带钩，捕食鱼类。丝质冠羽长而尖。雄鸟黑白色，两侧多细纹。与中华秋沙鸭的区别在于胸部棕色，条纹深色。与普通秋沙鸭的区别在于胸部色深而冠羽更长。雌鸟及非繁殖期雄鸟体色暗而褐，近红色的头部渐变成颈部的灰白色。习性同其他秋沙鸭。

分布：繁殖于黑龙江北部，冬季经我国大部地区至东南沿海地区包括台湾越冬，密云迁徙季偶见。

雁形目 鸭科

中华秋沙鸭　国家一级重点保护野生动物

拼音：zhōng huá qiū shā yā　　**学名**：*Mergus squamatus*　　**英文名**：Scaly-sided Merganser

宋会强 / 摄

宋会强 / 摄

宋会强 / 摄

生物学特性：旅鸟，体长约58厘米。喙长而窄，喙尖的钩不明显，具长冠羽，雄鸟头黑绿色，雌鸟头棕黄色。体侧具有明显的鱼鳞纹，胸白色。主要栖息于林地溪流、河谷和水塘。喜欢在湍急河流中觅食，有时也出现在开阔湖泊；成对或以家庭群活动；潜水捕食鱼类；营巢于大树的树洞中。

分布：在我国东北繁殖，迁徙时途径华北地区，在华南地区分散越冬，密云迁徙季常见。

翘鼻麻鸭 幸福和谐/摄

䴙䴘目

䴙䴘目(PODICIPEDIFORMES)，中小型游禽，形态似鸭而喙尖直，雌雄同色，尾极短，脚具瓣蹼，喜潜水觅食。主要分布于河流、湖泊、水塘等区域，主要以鱼类、水生昆虫，甲壳类动物为食。很少在陆地活动。北京市分布1科5种，密云区分布1科5种。其中小䴙䴘、凤头䴙䴘常见，其他3种偶见。

小䴙䴘 杜卿/摄

䴙䴘目 䴙䴘科

小䴙䴘

北京市重点保护野生动物

拼音：xiǎo pì tī　学名：*Tachybaptus ruficollis*　英文名：Little Grebe

宋会强 / 摄

（非繁殖羽）董柏 / 摄

生物学特性： 夏候鸟、旅鸟或留鸟，体长约27厘米的深色䴙䴘鹛。翅短而尖，尾羽特别短，各趾具瓣蹼，繁殖期雄鸟的喉和颈侧栗红色，背部黑褐色，胸腹部淡褐色，喙角具乳黄色斑；非繁殖期背部灰褐色，腹部白色。雌鸟羽色与非繁殖期雄鸟相似。栖息于河流、湖泊等湿地。善于游泳和潜水，以鱼、虾及水生昆虫为食，常在水面用植物编成浮巢。雌雄共同孵化，亲鸟离巢时有盖卵的习性。

分布： 我国广泛分布，密云常年可见。

赤颈䴙䴘 国家二级重点保护野生动物

拼音：chì jǐng pì tī　　学名：*Podiceps grisegena*　　英文名：Red-necked Grebe

小康 / 摄

小康 / 摄

（非繁殖羽）商伟 / 摄

生物学特性： 旅鸟，体长约 45 厘米，较凤头䴙䴘体型更小。喙较短而粗，喙基部具特征性黄色斑块。略具羽冠。繁殖羽顶冠黑色，颈栗色及脸颊灰白色。非繁殖羽与凤头䴙䴘区别在脸颊及前颈灰色较多，喙的形状及色彩亦不同。潜水时常冒出水面。

分布： 在我国繁殖于东北地区的湿地，密云迁徙季偶见。

鹈鹕目 䴙䴘科

凤头䴙䴘　北京市重点保护野生动物

拼音：fèng tóu pì tī　　学名：*Podiceps cristatus*　　英文名：Great Crested Grebe

宋会强 / 摄

石郁勤 / 摄

宋会强 / 摄

生物学特性：夏候鸟或旅鸟，体长约 50 厘米。颈修长，具显著的深色羽冠，腹部近白色，背部纯灰褐色。繁殖期成鸟颈背栗色，颈具鬃毛状饰羽。与赤颈䴙䴘的区别在脸侧白色延伸过眼，喙长而尖。繁殖期有优美的求偶炫耀行为，两相对视，身体高高挺起并同时点头，有时喙上还衔着植物，主要以潜水捕鱼为食。

分布：全国广布，密云迁徙季常见。

䴙䴘目　䴙䴘科

角䴙䴘

国家二级重点保护野生动物

拼音：jiǎo pì tī　学名：*Podiceps auritus*　英文名：Slavonian Grebe

董柏 / 摄

廉士杰 / 摄

（非繁殖羽）小康 / 摄

生物学特性： 旅鸟，体长约33厘米，体态紧实，略具冠羽。繁殖羽具清晰的橙黄色贯眼纹及冠羽，虹膜红色。与黑色头成对比并延伸过颈背，前颈及两胁深栗色，背部多黑色。非繁殖羽比黑颈䴙䴘的脸上多白色，喙不上翘，头显略大而平。偏白色的喙尖有别于其他种䴙䴘。冬季集小群活动。种群数量甚稀少。潜水捕食鱼虾和软体动物等。

分布： 繁殖于我国北方地区，密云迁徙季偶见。

鹛䴘目 鹛䴘科

黑颈䴘䴘　国家二级重点保护野生动物

拼音：hēi jǐng pì tī　　**学名**：*Podiceps nigricollis*　　**英文名**：Black-necked Grebe

廉士杰 / 摄

小康 / 摄

商伟 / 摄

生物学特性：旅鸟，体长约 30 厘米。繁殖期成鸟具松软的黄色耳簇并延伸至耳羽后，前颈黑色。成鸟颏部白色，延伸至眼后呈月牙形，虹膜红色。幼鸟似冬季成鸟，但褐色较重，胸部具深色带，眼圈白色。在水面上繁殖。冬季集群于湖泊及沿海。潜水捕食鱼虾和软体动物等。

分布：繁殖于我国北方地区，迁徙时见于我国多数地区，越冬于华南和东南沿海及西南的河流，密云迁徙季偶见。

鸽形目

鸽形目（COLUMBIFORMES），中小型林栖性陆禽，形态似家鸽，喙爪平直或稍弯曲，喙基部柔软，被以蜡膜，喙端膨大而具角质；颈和脚均较短；嗉囊发达。喜群栖，并有集群迁徙现象。主要以植物果实、种子等为食，兼吃少量的昆虫类等动物性食物。北京市分布 1 科 5 种，密云区分布 1 科 5 种。其中火斑鸠罕见，其他 4 种常见。

山斑鸠 宋会强 / 摄

鸽形目 鸠鸽科

岩鸽

北京市重点保护野生动物

拼音: yán gē **学名:** *Columba rupestris* **英文名:** Hill Pigeon

冯晓辉 / 摄

杜卿 / 摄

贺建华 / 摄

生物学特性: 留鸟,体长约 31 厘米的灰色鸽。羽色以青灰色为主,颈部具紫灰色辉光,两翅及尾端具黑带,腰部和近尾端处各有一道宽阔的白色横带。栖息于多岩石峭壁地区,从低山到高山都有分布。常集成小群在山谷和平原的田野上觅食,有时集群至几十只。以各种植物种子、小型球果、球茎、球根、小坚果等为食。繁殖期 4~7 月。营巢于岩缝或峭壁上的岩洞。

分布: 在我国主要分布在北方地区和青藏高原,密云常年可见。

鸽形目 鸠鸽科

山斑鸠

拼音：shān bān jiū　　**学名**：*Streptopelia orientalis*　　**英文名**：Oriental Turtle Dove

石郁勤 / 摄

宋会强 / 摄

贺建华 / 摄

生物学特性：留鸟，体长约32厘米的偏粉色斑鸠。颈侧有明显的黑白色条纹。背部以褐色为主，胸部以粉褐色为主，腹部淡灰色。栖息于平原至中山地带的阔叶林和针阔混交林，常集群活动。在地面取食，主要以杂草种子、植物的嫩叶和果实、农作物种子为食，也吃昆虫。繁殖期4~7月。

分布：我国广泛分布，密云常年可见。

鸽形目 鸠鸽科

灰斑鸠

拼音：huī bān jiū　　学名：*Streptopelia decaocto*　　英文名：Eurasian Collared Dove

马志红 / 摄

宋会强 / 摄

宋会强 / 摄

生物学特性： 留鸟，体长约 32 厘米的灰色斑鸠。后颈具黑白色半领圈。比山斑鸠体型更小，羽色以灰白色为主。相当温顺。栖于农田及村庄，停栖于房子、电杆及电线上。主要以杂草种子、植物的嫩叶和果实、农作物种子为食，也吃昆虫。

分布： 我国广泛分布，密云常年可见。

鸽形目 鸠鸽科

火斑鸠

拼音：huǒ bān jiū　　学名：*Streptopelia tranquebarica*　　英文名：Red Turtle Dove

王大勇 / 摄

（雌）杜卿 / 摄

王大勇 / 摄

生物学特性： 夏候鸟或旅鸟，体长约 23 厘米的酒红色斑鸠。颈部具黑色半领圈，前端白色。雄鸟头部偏灰，腹部偏粉，初级飞羽近黑色。雌鸟色较浅且暗，头暗棕色，体羽红色较少。在地面急切地边走边找食物，主要以杂草种子、植物的嫩叶和果实、农作物种子为食，也吃昆虫。

分布： 主要分布在我国北方至华南地区，密云偶见。

鸽形目 鸠鸽科

珠颈斑鸠

拼音：zhū jǐng bān jiū　　**学名：***Spilopelia chinensis*　　**英文名：**Spotted Dove

王雪涛 / 摄

杨华 / 摄

宋会强 / 摄

生物学特性： 留鸟，体长约 30 厘米的粉褐色斑鸠，在城市乡村都很常见。尾略显长，外侧尾羽前端的白色甚宽，飞羽较体羽色深。明显特征为颈侧具有布满白点的黑色块斑，似珍珠。栖息于多树的草地、农田或居民区附近。常集结成小群，有时和山斑鸠及其他鸠类混群，在树上停息或在地面觅食。飞行时两翅拍动要比山斑鸠快些，飞行十分迅速，但不能持久。主要以作物种子、杂草种子为食，也吃昆虫。

分布： 我国广泛分布，密云常年可见。

沙鸡目

沙鸡目（PTEROCLIFORMES），中型陆禽，喙细短，脚粗短，形态似鸽。雌雄同色，两翼尖长，尾较长且中央尾羽延长。多集群栖息于半沙漠、稀疏草地或农田。行走和飞行能力强，主要以植物果实、嫩芽、种子和昆虫为食。北京市分布1科1种，密云区分布1科1种。

毛腿沙鸡 廉士杰 / 摄

沙鸡目 沙鸡科

毛腿沙鸡　　北京市重点保护野生动物

拼音：máo tuǐ shā jī　　**学名**：*Syrrhaptes paradoxus*　　**英文名**：Pallas's Sandgrouse

董柏 / 摄

（雌）商伟 / 摄

杜卿 / 摄

生物学特性：冬候鸟，体长约36厘米的沙色沙鸡。雄鸟背部灰褐色，密布不规则黑色横斑；腹部皮黄色，有细横斑，形成黑色胸带，腹部具有一明显黑色斑块；翅及尾羽尖长。雌鸟无胸带，颈部有一细黑带，头顶有细黑纹。栖息于开阔的贫瘠荒漠、草原及半荒漠地带，也光顾耕地。取食各类草本和灌木植物的种子、根茎和果实等，也吃昆虫和土壤动物。喜欢集群生活，常集成大群做爆发性迁徙。

分布：繁殖于我国北方地区，迁徙时经过东部地区，偶尔到华南和华中地区越冬，密云常见。

夜鹰目

夜鹰目（CAPRIMULGIFORMES），原有的雨燕目并入夜鹰目。夜鹰类：中小型夜行性攀禽。头较扁平，喙极短小，但喙裂宽阔，有发达的喙须。两翼尖小或圆，飞行时安静无声。脚短，并趾型。通常栖于山林间，白天大都蹲伏在多树山坡的草地或树枝上，有时至洞穴中。食物以昆虫为主（少数食果实）。卵产在地面或岩石上，常仅2枚。雨燕类：体型较小，喙形扁短，尖端稍曲，基部宽阔，无须，翅形尖长，尾形多变，大多呈叉状，尾羽10枚，脚短，脚趾大多被羽，四趾均向前，唾液腺发达。北京市分布2科5种，密云区分布2科4种。代表种有普通夜鹰、普通雨燕等。

普通雨燕 商伟/摄

夜鹰目 夜鹰科

普通夜鹰　　北京市重点保护野生动物

拼音： pǔ tōng yè yīng　　**学名：** *Caprimulgus jotaka*　　**英文名：** Grey Nightjar

宋会强 / 摄

杜卿 / 摄

史洋 / 摄

生物学特性： 夏候鸟或旅鸟，体长约 28 厘米的偏灰色夜鹰。雄鸟背部灰褐色，密杂黑褐色、灰白色虫蠹状细斑；喉部具有大白斑，外侧初级飞羽具一白斑。雌鸟似雄鸟，但初级飞羽斑块为皮黄色，尾羽无白色次端斑。栖息于中低山阔叶林，常单只或成对栖于林缘、灌丛、村镇旁。夜行性，白天栖于地面或贴伏在较大的横枝上，飞行快速而没有声响。鸣声快速而单调，为一连串的"啾、啾、啾、啾"。食物主要为蚊、蝇和甲虫等。

分布： 分布于我国华北、华中和华南地区，密云常见。

夜鹰目 雨燕科

白喉针尾雨燕

拼音：bái hóu zhēn wěi yǔ yàn　　学名：*Hirundapus caudacutus*　　英文名：White-throated Spinetail

杜卿 / 摄

杜卿 / 摄

生物学特性： 旅鸟或夏候鸟，体长约 20 厘米的偏黑色雨燕。颏及喉白色，尾下覆羽白色，三级飞羽具小块白色斑。背部褐色，具银白色马鞍形斑块。习性似其他针尾雨燕。快速飞越森林及山脊，有时低飞于水上取食。

分布： 繁殖于我国东北及西部地区，密云可见。

夜鹰目 雨燕科

普通雨燕　　北京市重点保护野生动物

拼音： pǔ tōng yǔ yàn　　**学名：** *Apus apus*　　**英文名：** Common Swift

宋会强 / 摄

邱 / 摄

（幼鸟）宋会强 / 摄

生物学特性： 夏候鸟或旅鸟，体长约 21 厘米的雨燕。尾略叉开，白色的喉及胸部被一道深褐色的横带所隔开。两翼狭长。栖于多山地区。振翅频率相对较慢。主要在空中飞捕昆虫。

分布： 分布于我国北方和中部地区，密云常见。

夜鹰目 雨燕科

白腰雨燕　北京市重点保护野生动物

拼音：bái yāo yǔ yàn　　学名：*Apus pacificus*　　英文名：Fork-tailed Swift

贺建华 / 摄

宋会强 / 摄

宋会强 / 摄

生物学特性： 旅鸟，体长约18厘米的褐色雨燕。尾长而尾叉深，颏偏白，腰上有白斑。与小白腰雨燕区别在于体大而色淡，喉色较深，腰部白色马鞍形斑较窄。成群活动于开阔地区，常常与其他雨燕混群。飞行比针尾雨燕速度慢，进食时做不规则的振翅和转弯。
分布： 我国北方地区常见，密云偶见。

普通雨燕 商伟/摄

鹃形目

鹃形目（CUCULIFORMES），中型攀禽，喙稍粗厚，微向下曲，但不具钩。尾羽8~10枚。具适于攀缘的对趾型足，即第二、三趾向前，第一、四趾向后。雌雄体色相似。大多数物种具有巢寄生行为，将卵产于其他鸟类的巢中，由义亲代为孵化和育雏。主要以昆虫为食。北京市分布1科10种，密云区分布1科8种。代表种有大杜鹃、噪鹃等。

小鸦鹃 张德怀 / 摄

鹃形目 杜鹃科

红翅凤头鹃

拼音： hóng chì fèng tóu juān　　**学名：** *Clamator coromandus*　　**英文名：** Chestnut-winged Cuckoo

宋会强 / 摄

王大勇 / 摄

王大勇 / 摄

生物学特性： 夏候鸟，体长约 45 厘米。尾长，头顶具显眼的冠羽。顶冠及凤头黑色，背及尾黑色而带蓝色光泽，翅膀栗红色，喉及胸橙褐色，颈圈白色，腹部近白色。习性似杜鹃，攀行于低矮植被丛中捕食昆虫。振翅与飞行时凤头收拢。

分布： 繁殖于我国东部和南部地区，密云罕见。

鹃形目 杜鹃科

小鸦鹃

国家二级重点保护野生动物

拼音：xiǎo yā juān　　学名：*Centropus bengalensis*　　英文名：Lesser Coucal

宋会强 / 摄

宋会强 / 摄

杜卿 / 摄

生物学特性： 夏候鸟，体长约 42 厘米的棕色和黑色鸦鹃。尾长，似褐翅鸦鹃但体型较小，色彩暗淡。上背及两翼的栗色较浅且带有黑色。喜山边灌木丛、沼泽地带及开阔的草地包括高草地。常栖地面，有时做短距离飞行，由植被上掠过。食物以昆虫为主。

分布： 为我国南方地区的常见留鸟，近年来存在由南方向北扩散的趋势，密云罕见。

鹃形目 杜鹃科

噪鹃

拼音：zào juān　　**学名**：*Eudynamys scolopaceus*　　**英文名**：Western Koel

（雌）宋会强/摄

（雌）宋会强/摄

杜卿/摄

徐赵东/摄

生物学特性：夏候鸟，体长约42厘米的杜鹃。雄鸟全身黑色，雌鸟为白色和灰褐色相间，喙绿色。昼夜不停地发出响亮叫声，极隐蔽，常躲在稠密的林地中。寄生在乌鸦、卷尾及黄鹂的巢产卵。食物以昆虫为主。

分布：为我国南方地区的常见留鸟，近年来有向北扩散的趋势，密云可见。

鹃形目 杜鹃科

大鹰鹃

拼音：dà yīng juān　　学名：*Hierococcyx sparverioides*　　英文名：Large Hawk-cuckoo

贺建华 / 摄

吴井平 / 摄

李爱宏 / 摄

生物学特性： 夏候鸟或旅鸟，体长约 40 厘米的灰褐色杜鹃。头、颈均为灰色，背部及两翼灰褐色，尾羽黑褐色，具有五道暗褐色横斑，尾端白色；腹部、喉和胸具纵纹，腹部具横斑。见于山林中，分布地带高至海拔 1600 米，冬天常到平原地带。隐蔽于树冠中鸣叫，白天或夜间都可听到。食物以昆虫为主，繁殖期 4~7 月，寄生于喜鹊等鸟类巢中。

分布： 在我国东部、华中和华南地区广泛分布，密云常见。

鹃形目 杜鹃科

四声杜鹃　　北京市重点保护野生动物

拼音：sì shēng dù juān　　学名：*Cuculus micropterus*　　英文名：Indian Cuckoo

（雌）杜卿 / 摄

郝建国 / 摄

徐赵东 / 摄

（幼鸟）高淑俊 / 摄

生物学特性： 夏候鸟，体长约 30 厘米的偏灰色杜鹃。背部、两翼和尾褐色，喉至上胸淡灰色。尾羽具有宽的黑色次端斑。自胸以下白色，密布黑色粗横斑。雌鸟喉部和头顶均为褐色。通常栖息于平原至低山的树林中，非常隐蔽，常只闻其声不见其鸟。食物以昆虫尤其以鳞翅目幼虫为主。叫声为响亮的四声哨声，类似"光棍好苦""快快割谷"等。繁殖期 5~6 月，寄生于灰喜鹊、黑卷尾等雀形目鸟类巢中。

分布： 在我国除西北和青藏高原以外的地区广泛分布，密云常见。

鹃形目 杜鹃科

大杜鹃

北京市重点保护野生动物

拼音：dà dù juān　　学名：*Cuculus canorus*　　英文名：Common Cuckoo

宋会强 / 摄

王丙义 / 摄

石郁勤 / 摄

宋会强 / 摄

生物学特性： 夏候鸟，体长约 32 厘米。背部灰色，尾偏黑色，腹部近白色而具黑色横斑。雌鸟背部具黑色横斑。与四声杜鹃区别在于虹膜黄色，尾上无次端斑；与雌性中杜鹃区别在于腰部无横斑。鸣声为响亮清晰的标准型布谷声。喜开阔的有林地带及大片芦苇地。

分布： 夏季繁殖于我国大部分地区，密云常见。

鹃形目 杜鹃科

小杜鹃

拼音：xiǎo dù juān　　**学名**：*Cuculus poliocephalus*　　**英文名**：Lesser Cuckoo

宋会强 / 摄

王大勇 / 摄

生物学特性：夏候鸟，体长约 26 厘米的灰色杜鹃。背部灰色，胸腹部具白色清晰的黑色横斑，臀部沾皮黄色；眼圈黄色。似大杜鹃但体型较小，以叫声最易区分。栖于多森林覆盖的乡野，取食昆虫。

分布：在我国东部和南方地区广泛分布，密云可见。

鹃形目 杜鹃科

东方中杜鹃

拼音：dōng fāng zhōng dù juān　　学名：*Cuculus optatus*　　英文名：Oriental Cuckoo

杜卿／摄

刘君／摄

刘君／摄

生物学特性：旅鸟，体长约 26 厘米的灰色杜鹃。体型与四声杜鹃相似，但尾部无黑色近端斑。上背部石板灰色，下背灰蓝色；两翼褐色，翼角边缘纯白色；腹部近白色，密布淡黑色横斑，比大杜鹃和四声杜鹃的斑纹更粗。习性与大杜鹃相似，更多出入于较茂密的山林中。食物与大杜鹃一样，取食柔软的昆虫。繁殖期 5~7 月。

分布：在我国东部至华南地区常见，密云常见。

小鸦鹃 张德怀/摄

鸨形目

鸨形目（OTIDIFORMES），大型陆禽。形态似鸵鸟但善于飞行。体型较大，高度超过 1 米，雄鸟体重可达 10 千克。身体粗壮，向后渐细。头平扁，颈长。雄鸟的颈有特殊的皮下膨胀组织。喙粗壮，基部宽，喙峰有脊并略下弯，鼻孔裸露。站立或行走时，喙和身体均呈水平状，而颈垂直向上。翅长而宽，飞行有力而持久，仅在降落时滑翔。尾端呈方形或稍圆，尾羽 18~20 枚。无尾脂腺。腿长而粗壮，胫的裸出部分和脚趾被网状鳞，足仅有前 3 趾，后趾消失，趾基联合处宽，形成圆厚的足垫，爪钝而平扁。多栖息于较为开阔的荒漠、草原。杂食性，主要以植物的芽、嫩叶、种子为食，也吃昆虫、小型两栖爬行动物等。北京市分布 1 科 1 种，密云区分布 1 科 1 种。

大鸨 董柏 / 摄

鸨形目 鸨科

大鸨

国家一级重点保护野生动物

拼音：dà bǎo　　学名：*Otis tarda*　　英文名：Great Bustard

（雌）董柏／摄

卢和平／摄

（雌）廉士杰／摄

生物学特性： 旅鸟，体长约 100 厘米的鸨，体重可达 20 千克以上，是现存可飞行的最重的鸟类。头、颈灰色；背部淡棕色，具黑色横斑；腹部白色；颈、腿粗壮，无后趾。繁殖期雄鸟颈前有白色丝状羽。飞行时，翼偏白色，次级飞羽黑色，初级飞羽具深色羽尖。栖息于广阔的干旱草原、稀树草原或湖畔、耕地附近等地，以嫩草、谷物苗、植物籽粒、小虾、昆虫、小鱼等为食。繁殖期 4~7 月。

分布： 在我国繁殖于内蒙古、新疆等地，密云偶见。

鹤形目

鹤形目（GRUIFORMES），体型多样的涉禽。体型差别很大，鹤类体型高大，秧鸡类体型较小。喙细长而尖，颈长。尾短，多数具较强飞行能力。脚长，有的具瓣蹼。多数栖息于森林或开阔的草原、荒漠、湿地等，以昆虫、鱼虾、小型两栖爬行类和小型哺乳动物为食，也吃植物的种子、根茎和果实。鹤类中濒危物种比例较高。北京市分布2科18种，密云区分布2科14种。代表种有白鹤、白枕鹤、普通秧鸡等。密云区鹤类资源最为丰富，我国现分布的9种鹤中，已在密云记录到7种。鹤类的栖息地一直都是滩涂和农田，营造丰富的湿地浅滩，是保护鹤类栖息地的重要措施。

灰鹤 张德怀/摄

鹤形目 秧鸡科

普通秧鸡

拼音: pǔ tōng yāng jī **学名:** *Rallus indicus* **英文名:** Eastern Water Rail

宋会强 / 摄

崔仕林 / 摄

宋会强 / 摄

生物学特性: 夏候鸟、旅鸟或冬候鸟,体长约29厘米的深色秧鸡。背部橄榄褐色且多黑褐色纵纹,具褐色贯眼纹,头顶褐色;颏白色,颈及胸灰色,两胁具黑白色横斑;喙细长,上喙暗褐色,下喙红色,微向下弯。栖于水边植被茂密处、沼泽及红树林。常在水域附近芦苇丛、灌木草丛或水稻田中觅食植物种子和谷物,兼食昆虫。繁殖期5~7月,营巢于水域附近地上草丛中。

分布: 我国广泛分布,密云常见。

鹤形目 秧鸡科

西秧鸡

拼音: xī yāng jī　　**学名:** *Rallus aquaticus*　　**英文名:** Western Water Rail

史庆广 / 摄

高淑俊 / 摄

高淑俊 / 摄

生物学特性: 迷鸟或冬候鸟,体长约 29 厘米。小型涉禽,外形与普通秧鸡相似,主要区别在于脸及胸腹部都为蓝灰色,且没有褐色贯眼纹。栖息于沼泽或近水草丛中,步行快速但不善于高飞,主要以蚯蚓、昆虫等为食。

分布: 在我国有零星分布,密云偶见。

鹤形目 秧鸡科

小田鸡

拼音：xiǎo tián jī　　**学名**：*Zapornia pusilla*　　**英文名**：Baillon's Crake

杜卿 / 摄

生物学特性：夏候鸟或旅鸟，体长约18厘米的灰褐色秧鸡。喙短，背部具白色纵纹，两胁及尾下具白色细横纹。雄鸟头顶及背部红褐色，具黑白色纵纹，胸及脸灰色。雌鸟色暗，耳羽褐色。幼鸟颏偏白，背部具圆圈状白色点斑。栖于沼泽型湖泊及多草的沼泽地带，取食植物茎叶及小型无脊椎动物。快速而轻巧地穿行于芦苇中，极少飞行。

分布：繁殖于我国北方地区，密云罕见。

鹤形目 秧鸡科

红胸田鸡

拼音：hóng xiōng tián jī　　**学名**：*Zapornia fusca*　　**英文名**：Ruddy-breasted Crake

宋会强 / 摄

宋会强 / 摄

生物学特性：夏候鸟或旅鸟，体长约 20 厘米的红褐色秧鸡。背部纯褐色，头侧及胸深棕红色，颏白色，腹部及尾下近黑色并具白色细横纹。似红腿斑秧鸡及斑肋田鸡，但体型较小且两翼无任何白色。栖于芦苇地、稻田及湖边的草丛和灌丛中。性羞怯而难见到。偶尔冒险涉足苇地边缘，具一定的夜行性，晨昏发出叫声。

分布：我国主要分布于华北至南方地区，密云偶见。

鹤形目 秧鸡科

白胸苦恶鸟

拼音：bái xiōng kǔ è niǎo　　**学名**：*Amaurornis phoenicurus*　　**英文名**：White-breasted Waterhen

宋会强 / 摄

董柏 / 摄

董柏 / 摄

生物学特性：旅鸟或夏候鸟，体长约33厘米。头顶及背部灰色，脸、额、胸及上腹部白色，下腹及尾下棕色。叫声单调，黎明或夜晚常集小群发出喧闹。栖息于湿地附近的灌丛、河滩、红树林及旷野，频繁走动寻找植物茎叶、果实等食物，也攀于灌丛及小树上。

分布：在我国分布于华北至南方地区，密云常见。

鹤形目 秧鸡科

黑水鸡

拼音：hēi shuǐ jī　　**学名**：*Gallinula chloropus*　　**英文名**：Common Moorhen

北京太阳鸟 / 摄

（幼鸟）张德怀 / 摄

宋会强 / 摄

生物学特性：夏候鸟，体长约 31 厘米。体羽全为青黑色，仅两胁有白色细纹形成的线条，尾下有两块白斑，尾上翘时此白斑尽显；喙基和额甲亮红色。多见于湖泊、池塘及运河。不善飞，起飞前先在水上助跑很长一段距离。栖水性强，常在水中慢慢游动，在水面浮游植物间翻拣找食，也取食于开阔草地。以藻类、植物嫩芽、水生昆虫等为食。繁殖期 5~9 月。

分布：见于全国各地，密云常见。

鹤形目 秧鸡科

白骨顶

拼音：bái gǔ dǐng　　**学名**：*Fulica atra*　　**英文名**：Common Coot

宋会强 / 摄

宋会强 / 摄

宋会强 / 摄

生物学特性：旅鸟或夏候鸟，体长约 40 厘米。喙和额甲为显眼的白色；体羽深黑灰色，仅飞行时可见翼上狭窄近白色后缘；趾上有瓣蹼。繁殖期相互争斗追打。起飞前在水面上长距离助跑。常成群活动，频繁潜入水中寻找食物。以浮萍、稻谷、昆虫和小鱼等为食。繁殖期用苇蒲、苔草做成简陋碗状巢。

分布：见于全国各地，密云常见。

鹤形目 鹤科

白鹤

国家一级重点保护野生动物

拼音：bái hè 学名：*Leucogeranus leucogeranus* 英文名：Siberian Crane

（左侧幼鸟）杜卿 / 摄

宋会强 / 摄

李国申 / 摄

生物学特性： 旅鸟，体长约135厘米的白色鹤类。喙橘黄，脸上裸皮猩红，腿粉红，飞行时黑色的初级飞羽明显。幼鸟棕黄色。越冬时主要以植物球茎及嫩根为食。

分布： 繁殖于我国北方地区，密云可见。

鹤形目 鹤科

沙丘鹤　　　国家二级重点保护野生动物

拼音：shā qiū hè　　学名：*Antigone canadensis*　　英文名：Sandhill Crane

郭浩 / 摄　　　　　　　　　　　　　　　　　郭浩 / 摄

生物学特性： 旅鸟，体长约104厘米的灰色鹤。脸偏白色，额及顶冠红色，飞行时可见深灰色的飞羽。栖息于富有灌丛和水草的平原沼泽、湖边草地、水塘及河岸沼泽地带，有时也出现在有树木和草本植物的高原地带。

分布： 在国内为罕见迷鸟，密云罕见。

鹤形目 鹤科

白枕鹤　　国家一级重点保护野生动物

拼音：bái zhěn hè　　**学名**：*Antigone vipio*　　**英文名**：White-naped Crane

宋会强 / 摄

老马 / 摄

宋会强 / 摄

生物学特性：旅鸟，体长约 150 厘米的灰白色鹤。脸侧裸皮红色，边缘及斑纹黑色，喉及颈背白色；枕、胸及颈前之灰色延至颈侧成狭窄尖线条；初级飞羽黑色，体羽余部为不同程度的灰色。栖于近湖泊、河流的沼泽地带，迁徙和越冬期觅食于农耕地和湿地浅滩，以植物根茎和鱼虾等为食。

分布：繁殖于我国北部地区，密云常见。

鹤形目 鹤科

蓑羽鹤

国家二级重点保护野生动物

拼音：suō yǔ hè　　学名：*Grus virgo*　　英文名：Demoiselle Crane

王家春 / 摄

廉士杰 / 摄

杜卿 / 摄

生物学特性： 旅鸟，体长约 105 厘米的蓝灰色鹤。头顶白色，白色丝状长羽的耳羽簇与偏黑色的头、颈及修长的胸羽成对比。飞行时呈"V"字编队，颈伸直。栖息于高原、草原、沼泽、半荒漠及寒冷荒漠，以植物根茎和小型动物为食。

分布： 繁殖于我国北方地区，密云罕见。

103

鹤形目 鹤科

丹顶鹤　　国家一级重点保护野生动物

拼音：dān dǐng hè　　学名：*Grus japonensis*　　英文名：Red-crowned Crane

王丙义 / 摄

廉士杰 / 摄

董柏 / 摄

生物学特性： 旅鸟，体长约 150 厘米的白色鹤。裸出的头顶红色，脸颊、喉及颈侧黑色；自耳羽有宽的白色带延伸至颈背，体羽余部白色，仅次级飞羽及三级飞羽黑色。在繁殖地的炫耀舞蹈很优雅。飞行如其他鹤，颈伸直，呈"V"字形编队。栖息于宽阔河谷、林区及沼泽，以鱼虾和植物根茎等为食。

分布： 繁殖于我国东北地区，冬季南迁至华东地区及长江两岸湖泊，偶见于台湾，密云罕见。

鹤形目 鹤科

灰鹤

国家二级重点保护野生动物

拼音：huī hè　学名：*Grus grus*　英文名：Common Crane

董柏/摄

董柏/摄

生物学特性： 旅鸟或冬候鸟，体长约125厘米。头顶裸皮鲜红色，两颊及颈侧灰白色，喉及前、后颈灰黑色；体羽其他部位灰色，初级飞羽和次级飞羽黑色，三级飞羽灰色且延长弯曲成弓状。二重唱为清亮持久的"Kaw、Kaw、Kaw"声。迁徙时成大群，发出号角声，停歇取食于农耕地。做高跳跃的求偶舞姿。飞行时颈伸直，呈"V"字编队。常在水边或草地上觅食，以水草、谷物、野草种子等为食。繁殖期4~6月。

分布： 见于全国各地，密云常见。

鹤形目 鹤科

白头鹤　　　国家一级重点保护野生动物

拼音：bái tóu hè　　学名：*Grus monacha*　　英文名：Hooded Crane

汪湜 / 摄

汪湜 / 摄

（右灰鹤）李玉山 / 摄

生物学特性： 旅鸟，体长约 97 厘米的深灰色鹤。头颈白色，顶冠前黑而中红，飞行时飞羽黑色。亚成鸟头、颈沾皮黄色，眼斑黑色。栖于近湖泊及河流沼泽地，食性与其他鹤类相似。

分布： 繁殖于我国北方地区，密云甚罕见。

白枕鹤 董柏/摄

鸻形目

鸻（héng）形目（CHARADRIIFORMES），与湿地紧密联系的涉禽和游禽，包含三趾鹑、鸻鹬、鸥、海雀等多个类群，形态变化多样。喙形从粗短到细长，从反喙到勺喙，变化多端；颈或短或长。多雌雄同色，部分物种在繁殖期雌雄异色，一些种类的羽色存在"性别反转"现象，多数羽色较为单一，以黑色、白色、灰色、褐色和棕色为主。两翼多尖长而善飞行，脚或短或长，蹼型多样，尾短圆或细长。有的类群善于行走和奔跑，有些种类擅长游泳。几乎栖息于各种湿地类型，多数营巢于地面、水面、礁石。杂食性，主要以软体动物、甲壳动物、昆虫、鱼类为食。多数具有迁徙习性。北京市分布 10 科 81 种，密云区分布 8 科 67 种。

环颈鸻 徐赵东 / 摄

鹮嘴鹬

国家二级重点保护野生动物

拼音：huán zuǐ yù　　学名：*Ibidorhyncha struthersii*　　英文名：Ibisbill

董柏 / 摄

宋会强 / 摄

王家春 / 摄

生物学特性： 留鸟或夏候鸟，体长约 40 厘米的鹬。腿及喙红色，喙长且下弯；羽色以灰色、黑色及白色为主；白色的腹部和灰色的上胸之间有一道明显的黑白色横带；翼下白色，翼上具有大块的白斑。鸣声为重复的响铃声，似沙锥，也有响亮而快速的似中杓鹬的叫声。栖于中高海拔多石头、流速快的河流。以水生无脊椎动物和植物性食物为食。

分布： 见于我国北方地区和西南地区，密云偶见。

鸻形目 反嘴鹬科

黑翅长脚鹬

拼音： hēi chì cháng jiǎo yù　　**学名：** *Himantopus himantopus*　　**英文名：** Black-winged Stilt

董柏 / 摄

宋会强 / 摄

宋会强 / 摄

生物学特性： 夏候鸟或旅鸟，高挑修长，体长约 37 厘米。喙细长且为黑色，腿特长，淡红色。雄鸟头顶至后颈及肩颜色由纯白至灰黑色，变异大；背黑色具绿色金属光泽，腰、尾和体下部分白色。雌鸟背部体色较褐，头至颈部颜色变异较大。雄鸟冬羽似雌鸟夏羽，体色较浅。鸣声为高音的管笛声及类似燕鸥的"kik、kik、kik"声。喜欢在湖泊、沼泽等湿地活动，以软体动物、甲壳类、环节动物、昆虫为食，兼食杂草种子。繁殖期 5~7 月。

分布： 见于我国各地，密云常见。

鸻形目 反嘴鹬科

反嘴鹬

拼音： fǎn zuǐ yù　　**学名：** *Recurvirostra avosetta*　　**英文名：** Pied Avocet

董柏 / 摄

宋会强 / 摄

徐赵东 / 摄

生物学特性： 旅鸟，体长约43厘米的黑白色鹬。黑色的喙细长而上翘；腿灰色。飞行时从下面看体羽全白，仅翼尖黑色。具黑色的翼上横纹及肩部条纹。鸣声清晰似笛声。善游泳，能在水中倒立。飞行时不停地快速振翼并做长距离滑翔，进食时喙往两边扫动。以水生植物的根茎和小型无脊椎动物为食。

分布： 见于全国各地，密云常见。

鸻形目 鸻科

凤头麦鸡

拼音： fèng tóu mài jī　　**学名：** *Vanellus vanellus*　　**英文名：** Northern Lapwing

李国申 / 摄

宋会强 / 摄

董柏 / 摄

生物学特性： 旅鸟，体长约30厘米的黑白色麦鸡。雄鸟背部具绿黑色金属光泽，胸近黑色，腹部白色；头顶黑色，有长而上翘的黑色羽冠，喉和前颈黑色，尾白色而具宽的黑色次端带。雌鸟喉及颈白色，冬季脸棕褐色。栖息于江边滩地、沼泽、苇塘、草原等地。以植物种子、蚯蚓、蜗牛、昆虫等为食。繁殖期6~8月，在沼泽附近草地营巢。

分布： 繁殖于我国北方大部分地区，越冬于南方地区，密云常见。

鸻形目 鸻科

灰头麦鸡

拼音： huī tóu mài jī　**学名：** *Vanellus cinereus*　**英文名：** Grey-headed Lapwing

李国申 / 摄

张德怀 / 摄

宋会强 / 摄

生物学特性： 旅鸟，体长约 35 厘米。头及胸灰色，背褐色，翼尖、胸带及尾部横斑黑色，腰、尾及腹部白色。亚成鸟似成鸟但褐色较浓而无黑色胸带。栖于近水的开阔地带、河滩、稻田及沼泽，以植物种子、蚯蚓、蜗牛、昆虫等为食。

分布： 繁殖于东北地区至江苏和福建，密云常见。

鸻形目 鸻科

金鸻

拼音：jīn héng　　**学名**：*Pluvialis fulva*　　**英文名**：Pacific Golden Plover

王志义 / 摄

（非繁殖羽）廉士杰 / 摄

谭陈 / 摄

生物学特性：旅鸟，体长约 25 厘米的涉禽。头大，喙短厚。非繁殖羽棕黄色，贯眼纹、脸侧及腹部均色浅；翼上无白色横纹。繁殖期雄鸟脸、喉、胸前及腹部均为黑色。雌鸟腹部也有黑色，但不如雄鸟多。单独或成群活动。栖于沿海滩涂、沙滩、草地，以昆虫和植物种子等为食。

分布：全国广布，密云常见。

鸻形目 鸻科

灰鸻

拼音： huī héng　　**学名：** *Pluvialis squatarola*　　**英文名：** Grey Plover

郑伯利 / 摄

宋会强 / 摄

高淑俊 / 摄

生物学特性： 旅鸟，体长约28厘米。喙短厚，体型较金鸻大，背部褐灰色，腹部近白色，飞行时腰部偏白色，翼下具黑色块斑。繁殖期雄鸟腹部黑色，似金鸻，但背部多银灰色，尾下白色。以小群在潮间带沿海滩涂及沙滩取食小型无脊椎动物。

分布： 迁徙途经我国东北、华东及华中地区，密云偶见。

鸻形目 鸻科

长嘴剑鸻

拼音：cháng zuǐ jiàn héng　**学名：**　*Charadrius placidus*　**英文名：**Long-billed Plover

宋会强 / 摄

宋会强 / 摄

张德怀 / 摄

生物学特性： 旅鸟或留鸟，体长约 22 厘米的鸻。略长的喙全黑色，白色的翼上横纹不及剑鸻明显。繁殖期头顶具黑色横纹和胸带，贯眼纹灰褐色。习性似其他鸻，但更喜河边及沿海滩涂的多砾石地带。

分布： 繁殖于我国东北、华中及华东地区，密云常见。

鸻形目 鸻科

金眶鸻　　北京市重点保护野生动物

拼音：jīn kuàng héng　　学名：*Charadrius dubius*　　英文名：Little Ringed Plover

宋会强 / 摄

贺建华 / 摄

王志义 / 摄

生物学特性： 旅鸟或夏候鸟，体长约 16 厘米。喙短，头背部沙褐色，胸腹部白色；有明显的白色领圈，其下有明显的黑色领圈，眼后的白斑向后延伸至头顶，左右相连；眼周金黄色，脚也为黄色。飞行时发出清晰而柔和的拖长哨音。通常栖息在沿海溪流及河流沙洲，也见于沼泽地带及滩涂。以昆虫为主食，兼食植物种子、蠕虫等。

分布： 见于全国各地，密云常见。

鸻形目 鸻科

环颈鸻

拼音：huán jǐng héng　　**学名**：*Charadrius alexandrinus*　　**英文名**：Kentish Plover

谭陈 / 摄

宋会强 / 摄

王志义 / 摄

生物学特性：旅鸟，体长约15厘米。喙短，与金眶鸻羽色相近，主要区别在于腿黑色，飞行时翼上具白色横纹，尾羽外侧更白。头、背部淡褐色，胸腹部纯白。雌鸟头顶、贯眼纹和前胸斑块为灰褐色。雄鸟冬羽似雌鸟。鸣声为重复的轻柔单音节升调叫声。单独或成小群进食，常与其余涉禽混群于海滩或近海岸的多沙草地，也栖息在沿海河流及沼泽地。以蠕虫、昆虫、软体动物等为食，兼食植物种子等。

分布：见于全国各地，密云常见。

鸻形目 鸻科

蒙古沙鸻

拼音：méng gǔ shā héng   **学名**：*Charadrius mongolus*   **英文名**：Lesser Sand Plover

徐赵东 / 摄 　　　　　　　　　王大勇 / 摄

生物学特性：旅鸟，体长约 20 厘米。甚似铁嘴沙鸻，常与之混群但体较短小，喙短而纤细，飞行时白色的翼下横纹较模糊不清。常与其他涉禽混群，在沿海泥滩及沙滩活动，有时大群数量多达数百只，习性与其他鸻类相似。

分布：见于全国各地，密云常见。

鸻形目 鸻科

铁嘴沙鸻

拼音：tiě zuǐ shā héng　　学名：*Charadrius leschenaultii*　　英文名：Greater Sand Plover

宋会强 / 摄

宋会强 / 摄

生物学特性： 旅鸟，体长约 23 厘米。喙短，与蒙古沙鸻区别在体型较大，喙较长较厚，腿较长而偏黄色。繁殖期胸羽具棕色横纹，脸具黑色斑纹，前额白色。喜沿海泥滩及沙滩，与其他涉禽尤其是蒙古沙鸻混群，食性相似。
分布： 繁殖于我国北方地区，密云常见。

鸻形目 鸻科

东方鸻

拼音: dōng fāng héng　　**学名:** *Charadrius veredus*　　**英文名:** Oriental Plover

（雌）杜卿 / 摄

（雌）宋会强 / 摄

宋会强 / 摄

杜卿 / 摄

生物学特性： 旅鸟，体长约 24 厘米。喙短，繁殖期胸羽橙黄色，具黑色下边，脸无黑色纹。与金斑鸻、蒙古沙鸻及铁嘴鸻区别在腿黄色或近粉色。非繁殖羽胸带宽，棕色，背部全褐色，无翼上横纹。飞行时翼下为浅褐色。栖息于多草地区、河流两岸及沼泽地带。

分布： 繁殖于我国北部地区，密云可见。

鸻形目 彩鹬科

彩鹬

拼音：cǎi yù　**学名：**_Rostratula benghalensis_　**英文名：**Greater Painted-snipe

（雌）王树军 / 摄

小康 / 摄

（雌、雄）杜卿 / 摄

生物学特性：夏候鸟，体长约 25 厘米。色彩艳丽，尾短。雌鸟羽色更鲜艳，头及胸深栗色，眼周白色，顶纹黄色，背及两翼偏绿色，背上具白色的"V"形纹并有白色条带绕肩至胸腹部。雄鸟体型较雌鸟小而色暗，多具杂斑而少皮黄色，翅上具金色点斑。栖于沼泽型草地及稻田。行走时尾上下摇动，飞行时双腿下悬如秧鸡。

分布：见于全国各地，密云可见。

鸻形目 鹬科

丘鹬

拼音：qiū yù　　学名：*Scolopax rusticola*　　英文名：Eurasian Woodcock

王家春 / 摄

杜卿 / 摄

孙福满 / 摄

生物学特性： 旅鸟，体长约35厘米，略胖。腿短，喙长且直。与沙锥相比体型较大，头顶及颈背具黑色斑纹。起飞时振翅"嗖嗖"作响。占域飞行缓慢，于树顶起飞时喙朝下。飞行姿态笨重，翅较宽。白天隐蔽，伏于地面，夜晚飞至开阔地进食。

分布： 繁殖于我国北方地区，密云常见。

鸻形目 鹬科

姬鹬

拼音： jī yù　　**学名：** *Lymnocryptes minimus*　　**英文名：** Jack Snipe

王瑞 / 摄

王瑞 / 摄

生物学特性： 旅鸟，体长约 18 厘米。喙短而两翼狭尖，与其他沙锥区别在于头顶中心无纵纹，尾呈楔形，背部具绿色及紫色光泽。尾色暗而无棕色横斑。繁殖期在繁殖地周围做"之"字形飞行表演。白天极少飞行。栖于沼泽地带及稻田。进食时头不停地点动。

分布： 迁徙时主要经过我国东部和西北地区，密云偶见。

鸻形目 鹬科

孤沙锥

拼音：gū shā zhuī　　**学名**：*Gallinago solitaria*　　**英文名**：Solitary Snipe

宋会强 / 摄

宋会强 / 摄

徐赵东 / 摄

生物学特性：旅鸟或冬候鸟，体长约 29 厘米的深暗色沙锥。头顶两侧缺少近黑色条纹，喙基灰色较深。飞行时脚不伸出于尾后。比扇尾沙锥、大沙锥或针尾沙锥色暗，脸上条纹偏白色而非皮黄色。胸浅棕色，腹部具白色及红褐色横纹，下翼或次级飞羽后缘无白色。性孤僻。飞行较缓慢，但也做锯齿状盘旋飞行。栖息于泥塘、沼泽及稻田。
分布：繁殖于东北地区，越冬于华北及以南的我国东部地区，密云罕见。

鸻形目 鹬科

针尾沙锥

拼音：zhēn wěi shā zhuī **学名**：*Gallinago stenura* **英文名**：Pintail Snipe

姚文斌 / 摄

黄耀洪 / 摄

黄耀洪 / 摄

生物学特性：旅鸟，体长约 24 厘米。敦实而腿短，两翼圆，喙相对短而钝。背部为平淡的褐色，具白色、黄色及黑色的纵纹及蠕虫状斑纹；腹部白色，胸沾赤褐色且多具黑色细斑。与扇尾沙锥及大沙锥较难区分，但体型相对较小，尾较短，飞行时黄色的脚探出尾后较多，叫声也不同。与扇尾沙锥区别在于翼无白色后缘，翼下无白色宽横纹。常栖息于稻田、林中的沼泽和潮湿洼地，以及红树林，习性似其他沙锥，包括快速上下跳动及"锯齿"状飞行，受惊吓时发出惊叫声。

分布：迁徙时经过我国大部分地区，密云常见。

鸻形目 鹬科

大沙锥

拼音： dà shā zhuī **学名：** *Gallinago megala* **英文名：** Swinhoe's Snipe

高华 / 摄

夕阳红 / 摄

王大庆 / 摄

生物学特性： 旅鸟，体长约 28 厘米。两翼长而尖，头大而方，喙长。较针尾沙锥尾较长，腿较粗而多黄色，飞行时脚伸出较少。与扇尾沙锥区别在尾端两侧白色较多，飞行时尾长于脚，翼下缺少白色宽横纹，飞行时翼上无白色后缘。栖居于沼泽、湿润草地及稻田。习性同其他沙锥但不喜飞行，起飞及飞行都较缓慢、较稳定。

分布： 迁徙时常见于我国东部及中部地区，密云常见。

鸻形目 鹬科

扇尾沙锥

拼音： shàn wěi shā zhuī　　**学名：** *Gallinago gallinago*　　**英文名：** Common Snipe

宋会强 / 摄

李国申 / 摄

王家春 / 摄

生物学特性： 旅鸟，体长约 26 厘米。两翼细而尖，喙长，背部及肩羽褐色，有黑褐色斑纹，羽缘乳黄色，形成明显的肩带，体羽多黑褐色斑纹。色彩与其他沙锥相似，但扇尾沙锥的次级飞羽具白色宽后缘，翼下具白色宽横纹，飞行较迅速、较高、不稳健，并常发出急叫声。栖息于河岸湖泊边、沼泽及水田地带，通常隐蔽在高大的芦苇草丛中，受惊飞起时，作波浪状飞行，迅速爬升，并发出警叫声，在高空盘旋后冲入草丛隐藏起来。空中炫耀时向上攀升并俯冲，外侧尾羽伸出，颤动有声。以环节动物、昆虫、蜘蛛、甲壳类、软体动物和小鱼为食，也取食植物的种子和果实。

分布： 见于全国各地，密云常见。

鸻形目 鹬科

半蹼鹬

国家二级重点保护野生动物

拼音：bàn pǔ yù　　学名：*Limnodromus semipalmatus*　　英文名：Asian Dowitcher

韩霄林 / 摄

韩霄林 / 摄

韩霄林 / 摄

生物学特性： 旅鸟，体长约 35 厘米的灰色鹬。喙长且直，背灰色，腰、下背及尾白色，具黑色细横纹，腹部色浅，胸皮黄褐色。与塍鹬区别在于体型较小，喙形直而全黑，喙端显膨胀。较其他半蹼鹬体型为大，腿色深，飞行时背色较深。栖于沿海滩涂。进食习性特别，径直朝前行走，每走一步把喙扎入泥土找食，动作机械如电动玩具。

分布： 繁殖于我国北方地区，密云偶见。

鸻形目 鹬科

黑尾塍鹬

拼音： hēi wěi chéng yù　　**学名：** *Limosa limosa*　　**英文名：** Black-tailed Godwit

徐赵东 / 摄

董柏 / 摄

董柏 / 摄

徐赵东 / 摄

生物学特性： 旅鸟，体长约42厘米的涉禽。繁殖羽头、颈和胸栗红色，且头和后颈有黑色细纵斑；背部杂斑较少，尾前半部近黑色，腰及尾基白色，飞行时翼上可见明显的白色横斑带。非繁殖羽头、颈、胸、背灰褐色，腹部以下白色。栖息于沼泽、稻田、河口和海滩，觅食时常将喙插入泥地里，直至喙基，有时头的大部分埋在泥里。休息时颈缩成"S"形。以甲壳类、环节动物、昆虫为食。

分布： 繁殖于新疆西北部及内蒙古，密云偶见。

鸻形目 鹬科

白腰杓鹬　国家二级重点保护野生动物

拼音：bái yāo sháo yù　　学名：*Numenius arquata*　　英文名：Eurasian Curlew

武国福 / 摄

董柏 / 摄

贺建华 / 摄

生物学特性： 旅鸟，体长约 55 厘米。喙甚长而下弯，腰白，尾部具褐色横纹。与大杓鹬区别在于腰及尾较白；与中杓鹬区别在于体型较大，头部无图纹，喙相应较长。喜潮间带河口、河岸及沿海滩涂，常在近海处活动。多见单独活动，有时集小群或与其他种类混群，取食小型无脊椎动物。

分布： 繁殖于我国东北地区，密云常见。

鸻形目 鹬科

中杓鹬

拼音：zhōng sháo yù　　学名：*Numenius phaeopus*　　英文名：Whimbrel

李国申 / 摄

李国申 / 摄

徐赵东 / 摄

生物学特性： 旅鸟，体长约43厘米。眉纹色浅，具黑色顶纹，喙长而下弯。似白腰杓鹬但体型小许多，喙也相应较短。喜栖息于沿海泥滩、草地、河口潮间带、沼泽及多岩石海滩，通常集小至大群，常与其他涉禽混群。
分布： 迁徙时常见于我国大部地区，密云可见。

鸻形目 鹬科

小杓鹬

国家二级重点保护野生动物

拼音：xiǎo sháo yù　　学名：*Numenius minutus*　　英文名：Little Curlew

宋会强 / 摄

游州 / 摄

李国申 / 摄

生物学特性： 旅鸟，体长约 30 厘米。喙中等长度而略向下弯，皮黄色的眉纹粗重。与中杓鹬的区别在于体型较小，喙较短、较直。腰无白色，落地时两翼上举。繁殖期多栖息于亚高山森林及矮树丛地带，迁徙期间多在河边沙滩以及附近的农田、耕地和草原上活动。

分布： 较罕见，迁徙时经过我国东部，密云罕见。

鸻形目 鹬科

鹤鹬

拼音：hè yù　　学名：*Tringa erythropus*　　英文名：Spotted Redshank

董柏 / 摄

贺建华 / 摄

（非繁殖羽）李国申 / 摄

（非繁殖羽）杜卿 / 摄

生物学特性：旅鸟，体长约 30 厘米。喙长且直，腿红色。繁殖羽黑色，具白色点斑。冬季似红脚鹬，但体型较大，灰色较深，喙较长且细，喙基红色较少；两翼色深并具白色点斑，贯眼纹明显。飞行或歇息时发出独特的、具爆破音的尖哨音。喜在鱼塘、沿海滩涂及沼泽地带活动，取食螺类等小型无脊椎动物。

分布：迁徙时常见于我国的多数地区，密云常见。

鸻形目 鹬科

红脚鹬

拼音：hóng jiǎo yù　　学名：*Tringa totanus*　　英文名：Common Redshank

郑伯利 / 摄

宋会强 / 摄

贺建华 / 摄

生物学特性： 旅鸟，体长约28厘米。腿橙红色，喙基部为红色；背部褐灰色，腹部白色，胸具褐色纵纹。比鹤鹬体型小，喙基红色较多。飞行时腰部白色明显，次级飞羽具明显白色外缘。喜在泥岸、海滩、盐田、鱼塘等栖息地活动，通常集小群活动，也与其他水鸟混群，取食小型无脊椎动物。

分布： 全国广泛分布，密云常见。

鸻形目 鹬科

泽鹬

拼音：zé yù　　**学名**：*Tringa stagnatilis*　　**英文名**：Marsh Sandpiper

姚宝刚 / 摄

董柏 / 摄

5d 鸟 / 摄

生物学特性：旅鸟，体长约 23 厘米。背部灰褐色，腰及下背白色，尾羽上有黑褐色横斑；前颈和胸有黑褐色细纵纹，额白；腹部白色；喙黑色，脚偏绿色。栖息于河流岸边、河滩或沼泽草地，以小型无脊椎动物为食。繁殖期 5~7 月，在地面干燥处营巢，每窝产卵 4 枚。雌雄共同孵卵。

分布：在我国北方地区繁殖，迁徙途经华东沿海地区及海南和台湾，密云常见。

鸻形目 鹬科

青脚鹬

拼音： qīng jiǎo yù **学名：** *Tringa nebularia* **英文名：** Common Greenshank

廉士杰 / 摄

徐赵东 / 摄

李国申 / 摄

生物学特性： 旅鸟，体长约 31 厘米。腿偏黄，背部颜色较浅，鳞状纹较多，冬季细纹较少，尾部横纹色较浅，腿相对较短，黄色较深，飞行时脚伸出尾后较短，叫声也不同。仅有两趾间连蹼。喜在沿海泥滩活动。

分布： 迁徙时经我国东部沿海地区，密云常见。

鸻形目 鹬科

白腰草鹬

拼音：bái yāo cǎo yù　**学名**：*Tringa ochropus*　**英文名**：Green Sandpiper

宋会强 / 摄

贺建华 / 摄

宋会强 / 摄

生物学特性：旅鸟或冬候鸟，体长约 23 厘米。腰、腹和尾部白色，尾端有黑色横斑；具有短的白色眉斑，且与白色眼圈相连；翼下黑褐色，具细小白色斑点。夏季背部黑褐色，具有白色小斑点，冬季头、颈、上胸呈褐色且白色斑点不明显。常单独活动，喜于河川、湖泊、水塘岸边及其附近农田和沼泽地活动，喜欢不断地上下摆动尾部。以昆虫、蜘蛛、软体动物和甲壳类为食。

分布：迁徙时见于我国大部分地区，密云常见。

鸻形目 鹬科

林鹬

拼音：lín yù　　学名：*Tringa glareola*　　英文名：Wood Sandpiper

贺建华 / 摄

杜卿 / 摄

宋会强 / 摄

生物学特性： 旅鸟，体长约 20 厘米。体型纤细，体羽大体为褐灰色，腹部及臀偏白，腰白色；背部灰褐色而极具斑点；眉纹长，白色；尾白而具褐色横斑。飞行时脚远伸于尾后。喜沿海多泥的栖息环境，也见于内陆海拔高至 750 米的稻田及淡水沼泽。通常集成松散小群，有时也与其他涉禽混群。

分布： 繁殖于我国北方地区，迁徙时常见于全国各地，越冬于海南、台湾、广东及香港，密云常见。

鸻形目 鹬科

翘嘴鹬

拼音：qiào zuǐ yù　　**学名**：*Xenus cinereus*　　**英文名**：Terek Sandpiper

王大勇 / 摄

王大勇 / 摄

王大勇 / 摄

生物学特性：旅鸟，体长约 23 厘米的灰色鹬。喙长而上翘，背部灰色，具白色半截眉纹。初级飞羽黑色，繁殖期肩羽具黑色条纹，腹部及臀白色。飞行时翼上狭窄的白色内缘明显。喜沿海泥滩、小河及河口，进食时与其他涉禽混群，但飞行时不混群。通常单独或一两只在一起活动，偶成大群。

分布：迁徙时常见于我国东部及西部地区，密云偶见。

鸻形目 鹬科

矶鹬

拼音: jī yù **学名:** *Actitis hypoleucos* **英文名:** Common Sandpiper

宋会强 / 摄

王志义 / 摄

石郁勤 / 摄

生物学特性: 旅鸟,体长约 20 厘米。喙短,性活跃,翼不及尾;背部褐色,飞羽近黑色,腹部白色,胸侧具褐灰色斑块。飞行时可见翼上白色横纹,翼下黑色具白色横纹。栖息于沿海滩涂和沙洲至海拔 1500 米的山地稻田及溪流、河流两岸。行走时头不停地点动,并具两翼僵直滑翔的特殊姿势。

分布: 繁殖于我国西北、华北及东北地区,冬季南迁至北纬 32°以南的沿海、河流及湿地,密云常见。

鸻形目 鹬科

翻石鹬

国家二级重点保护野生动物

拼音：fān shí yù　　学名：*Arenaria interpres*　　英文名：Ruddy Turnstone

董柏 / 摄

（非繁殖羽）宋会强 / 摄

小康 / 摄

生物学特性： 旅鸟，体长约23厘米。喙、腿及脚均短，腿和脚为鲜亮的橘黄色，头及胸部具黑色、棕色及白色的复杂图案。飞行时翼上具醒目的黑白色图案。集小群栖于沿海泥滩、沙滩及海岸石岩，通常不与其他种类混群。奔走迅速。有时在内陆或近海开阔处进食，在海滩上翻动石头及其他物体以觅食甲壳类。

分布： 迁徙经我国东部地区，密云偶见。

鸻形目 鹬科

阔嘴鹬

国家二级重点保护野生动物

拼音：kuò zuǐ yù　　学名：*Calidris falcinellus*　　英文名：Broad-billed Sandpiper

贺建华 / 摄

贺建华 / 摄

生物学特性： 旅鸟，体长约 17 厘米。喙略下弯，头顶具明显的"西瓜皮"状花纹，飞行时可见腰部至尾部中央贯穿的黑色纵纹；背部灰褐色，腹部白色，胸部具细小的纵纹。栖息于沿海滩涂、河口、盐池及湖泊等生境。常在海岸潮间带的泥滩上觅食，主要取食蠕虫、虾蟹和软体动物。

分布： 我国主要见于东北至华南地区，密云偶见。

鸻形目 鹬科

红颈滨鹬

拼音：hóng jǐng bīn yù　　学名：*Calidris ruficollis*　　英文名：Red-necked Stint

（非繁殖羽）王志义 / 摄

郑伯利 / 摄

（非繁殖羽）商伟 / 摄

生物学特性： 旅鸟，体长约 15 厘米。腿黑，背部色浅而具纵纹。非繁殖羽背部灰褐，多具杂斑及纵纹，眉线白色，腰的中部及尾深褐色，尾侧、腹部白色。与长趾滨鹬区别在于灰色较深而羽色单调，腿黑色。繁殖羽头顶、颈的体羽及翅上覆羽棕色。与小滨鹬区别在喙较粗厚，腿较短而两翼较长。喜沿海滩涂，集大群活动，性活跃，敏捷行走或奔跑，拣起食物和兴奋时头上下点动或往后一甩。

分布： 为我国东部及中部常见的迁徙过境鸟，部分冬候鸟留在海南、广东、香港及台湾等沿海地区越冬，密云常见。

鸻形目 鹬科

小滨鹬

拼音: xiǎo bīn yù　**学名:** *Calidris minuta*　**英文名:** Little Stint

杜卿 / 摄

（非繁殖羽）高淑俊 / 摄

生物学特性: 旅鸟,体长约14厘米的偏灰色滨鹬。喙短而粗,腿深灰色,腹部白色,上胸侧沾灰色,暗色贯眼纹模糊,眉纹白色。甚似红胸滨鹬,但腿和喙略长且喙端较钝。繁殖羽赤褐色,与红胸滨鹬繁殖羽的区别在于颏及喉白色,上背具乳白色"V"字形带斑,胸部多深色点斑。相当温顺,喜群居并与其他小型涉禽混群。进食时喙快速啄食或翻拣。

分布: 偶见于香港及河北的北戴河,密云偶见。

鸻形目 鹬科

青脚滨鹬

拼音： qīng jiǎo bīn yù **学名：** *Calidris temminckii* **英文名：** Temminck's Stint

贺建华 / 摄

杜卿 / 摄

商伟 / 摄

生物学特性： 旅鸟，体长约 14 厘米。矮壮，腿短，灰色。非繁殖羽背部全暗灰，腹、胸灰色，渐变为近白色的腹部。尾长于拢翼。与其他滨鹬区别在于外侧尾羽纯白，落地时极易见，腿偏绿色或近黄色。繁殖羽翼上覆羽带棕色。叫声为短快而似蝉鸣的独特颤音。喜沿海滩涂及沼泽地带集小群或大群活动。主要栖息于淡水区，也光顾潮间港湾。被赶时猛地跃起，飞行快速，紧密成群做盘旋飞行。站姿较平。

分布： 为我国各地的过境鸟，密云常见。

鸻形目 鹬科

长趾滨鹬

拼音： cháng zhǐ bīn yù　　**学名：** *Calidris subminuta*　　**英文名：** Long-toed Stint

谭陈 / 摄

王志义 / 摄

杜卿 / 摄

生物学特性： 旅鸟，体长约14厘米的灰褐色滨鹬。背部具黑色粗纵纹，腿绿黄色；头顶褐色，白色眉纹明显；胸浅褐灰色，腹白色，腰部中央及尾深褐色，外侧尾羽浅褐色。夏季多棕褐色，飞行时可见模糊的翼横纹。喜沿海滩涂、小池塘、稻田及其他泥泞地带。单独或集群活动，常与其他涉禽混群。

分布： 迁徙时见于我国东部及华中地区，密云偶见。

鸻形目 鹬科

斑胸滨鹬

拼音：bān xiōng bīn yù　　学名：*Calidris melanotos*　　英文名：Pectoral Sandpiper

于俊峰 / 摄

钢铁侠 / 摄

杜卿 / 摄

生物学特性：迷鸟，体长约 22 厘米多具杂斑的滨鹬。腿黄色，喙略为下弯，胸部密布纵纹并中止于白色腹部；白色眉纹模糊，顶冠近褐色。繁殖羽雄鸟胸部偏黑，幼鸟胸部纵纹沾皮黄色；非繁殖羽赤褐色较少。飞行时两翼显暗，翼略具白色横纹，腰及尾上具宽的黑色中心部位。取食于湿润草甸、沼泽地及池塘边缘。

分布：在国内很罕见，密云偶见。

鸻形目 鹬科

尖尾滨鹬

拼音: jiān wěi bīn yù　　**学名:** *Calidris acuminata*　　**英文名:** Sharp-tailed Sandpiper

谭陈 / 摄

高淑俊 / 摄

郑伯利 / 摄

生物学特性: 旅鸟,体长约 19 厘米。喙短,头顶棕色,眉纹色浅,胸皮黄色;腹部具粗大的黑色纵纹,腹白色,尾中央黑色,两侧白色。似非繁殖羽的长趾滨鹬,但顶冠多棕色。繁殖羽多棕色,通常比斑胸滨鹬鲜亮。栖于沼泽地带及沿海滩涂、泥沼、湖泊及稻田。常与其他涉禽混群。

分布: 在我国为常见的迁徙鸟类,密云偶见。

鸻形目 鹬科

三趾滨鹬

拼音：sān zhǐ bīn yù　　学名：*Calidris alba*　　英文名：Sanderling

徐赵东 / 摄　　　　　　　　　　　　　　　　　　　宋会强 / 摄

生物学特性：旅鸟，体长约 20 厘米。近灰色，肩羽为明显的黑色；飞行时翼上白色宽纹明显，尾中央色暗，两侧白色；无后趾。繁殖羽背部赤褐色。喜滨海沙滩，通常随落潮在水边奔跑觅食。有时独行，但多喜群栖。
分布：在我国为常见的冬候鸟及过境鸟，密云常见。

鸻形目 鹬科

流苏鹬

拼音：liú sū yù 学名：*Calidris pugnax* 英文名：Ruff

王大勇 / 摄

徐赵东 / 摄

王大勇 / 摄

生物学特性： 旅鸟，雄鸟体长约 28 厘米，雌鸟体长约 23 厘米。喙短直，腿长，头小，颈长。非繁殖羽背部深褐色具浅色鳞状斑纹，头及颈皮黄色，喉浅皮黄色，腹部白色，两胁常具少许横斑。飞行时可见翼上狭窄白色横纹，尾基两侧椭圆形白色块斑。繁殖羽大体棕色，部分白色，具明显的蓬松翎颌。喜栖于沼泽地带及沿海滩涂，与其他涉禽混群。

分布： 迁徙时见于我国沿海及湿地，密云偶见。

鸻形目 鹬科

弯嘴滨鹬

拼音： wān zuǐ bīn yù　　**学名：** *Calidris ferruginea*　　**英文名：** Curlew Sandpiper

（非繁殖羽）贺建华 / 摄

董柏 / 摄　　　　　　　　　　　　　徐赵东 / 摄

生物学特性： 旅鸟，体长约 21 厘米。腰部白色明显，喙长而下弯；背部大部分灰色，几无纵纹，腹部白色；眉纹、翼上横纹及尾上覆羽的横斑均为白色。繁殖期腰部的白色不明显。栖于沿海滩涂及近海的稻田和鱼塘，通常与其他鹬类混群。

分布： 不常见，迁徙时可见于全国各地，密云偶见。

鸻形目 鹬科

黑腹滨鹬

拼音： hēi fù bīn yù　　**学名：** *Calidris alpina*　　**英文名：** Dunlin

宋会强 / 摄

贺建华 / 摄

贺建华 / 摄

生物学特性： 旅鸟，体长约19厘米，喙适中的偏灰色滨鹬。眉纹白色，喙端略有下弯，尾中央黑色而两侧白色。繁殖羽胸部黑色，背部棕色。喜活动于沿海及内陆泥滩，单独或集小群，常与其他涉禽混群。

分布： 在我国为常见过境鸟及冬候鸟，密云常见。

鸻形目 鹬科

红颈瓣蹼鹬

拼音：hóng jǐng bàn pǔ yù　　**学名：** *Phalaropus lobatus*　　**英文名：** Red-necked Phalarope

王大勇 / 摄

王大勇 / 摄

（非繁殖羽）杜卿 / 摄

生物学特性： 旅鸟，体长约 18 厘米。喙细长，体羽灰色和白色，常见游于海上；头顶及眼周黑色，背部灰色，飞行时深色腰部及翼上的宽白横纹明显。食物为浮游生物。不惧人，易于接近。有时到陆上的池塘或沿海滩涂取食。

分布： 迁徙时经过我国东部沿海地区，密云罕见。

鸻形目 鹬科

灰瓣蹼鹬

拼音: huī bàn pǔ yù   **学名:** *Phalaropus fulicarius*   **英文名:** Red Phalarope

小康 / 摄

奇异恩典 / 摄

生物学特性: 旅鸟,体长约 21 厘米,喙直的灰色涉禽。非常似红颈瓣蹼鹬但前额较白,背部色浅而单调,喙色较深且宽,有时喙基黄色。习性同红颈瓣蹼鹬。
分布: 我国内陆非常罕见,密云罕见。

鸻形目 三趾鹑科

黄脚三趾鹑

拼音：huáng jiǎo sān zhǐ chún　　**学名**：*Turnix tanki*　　**英文名**：Yellow-legged Buttonquail

姚波 / 摄

贺建华 / 摄

生物学特性：夏候鸟或旅鸟，体长约16厘米的棕褐色三趾鹑。背部及胸两侧具明显的黑色点斑。飞行时翼上覆羽淡皮黄色，与深褐色飞羽成对比。集小群活动于灌木丛、草地、沼泽地及耕地，尤喜稻茬地。
分布：在全国广泛分布，密云常见。

鸻形目 燕鸻科

普通燕鸻

拼音： pǔ tōng yàn héng　　**学名：** *Glareola maldivarum*　　**英文名：** Oriental Pratincole

宋会强 / 摄

宋会强 / 摄

生物学特性： 夏候鸟或旅鸟，体长约 25 厘米。翼长，叉形尾，喉皮黄色具黑色边缘；背部棕褐色具橄榄色光泽，两翼近黑色，尾上覆羽白色，腹部灰色，尾下白色，叉形尾黑色。集小群至大群活动，性喧闹。与其他涉禽混群，栖于开阔地、沼泽地及稻田。善走，头不停点动。于空中捕捉昆虫。

分布： 繁殖于我国北方及华东地区，迁徙时见于我国东部多数地区，密云常见。

鸻形目 鸥科

细嘴鸥

拼音：xì zuǐ ōu　　学名：*Chroicocephalus genei*　　英文名：Slender-billed Gull

杜卿 / 摄

谭陈 / 摄

杜卿 / 摄

生物学特性： 迷鸟，体长约 42 厘米。具纤细红色喙，脚红色，腹部偏粉红色。飞行时初级飞羽白色而羽端黑色。侧看颈部短粗，头前倾而下斜。与红嘴鸥非繁殖羽的区别在于耳上深色点斑模糊，喙端无黑色，喙及腿的橘黄色较深。飞行时颈及尾显长。

分布： 偶见冬候鸟至华南沿海及香港，密云罕见。

鸻形目 鸥科

棕头鸥

拼音：zōng tóu ōu　　学名：*Chroicocephalus brunnicephalus*　　英文名：Brown-headed Gull

杜卿 / 摄

杜卿 / 摄

生物学特性： 迷鸟，体长约 42 厘米的白色鸥。背灰色，初级飞羽基部具大块白斑，黑色翼尖具白色点斑。非繁殖羽眼后具深褐色块斑。与红嘴鸥区别在于虹膜色浅，喙较厚，体型略大且翼尖斑纹不同。与其他鸥混群，栖于海上、沿海及河口地带。

分布： 繁殖于我国西部地区，密云罕见。

鸻形目 鸥科

红嘴鸥

拼音：hóng zuǐ ōu　　**学名**：*Chroicocephalus ridibundus*　　**英文名**：Black-headed Gull

贺建华/摄

（非繁殖羽）王志义/摄

（非繁殖羽）宋会强/摄

生物学特性：旅鸟，体长约40厘米。繁殖羽头顶、前额、喉、前颈棕褐色，眼周围白色；颈、胸和尾羽白色，飞翔时背及翼上灰色，初级飞羽末端黑色；喙和脚均为红色。栖息于沿海、内陆河流、湖泊，常成小群活动，在鱼群上空盘旋飞行。常停栖于水面或陆地上，以鱼虾、昆虫为食。在芦苇或草丛地面上筑巢，十分简陋。

分布：繁殖于我国北方地区，密云常见。

鸻形目 鸥科

黑嘴鸥

国家一级重点保护野生动物

拼音：hēi zuǐ ōu　　学名：*Saundersilarus saundersi*　　英文名：Saunders's Gull

（非繁殖羽）王大勇/摄

（非繁殖羽）王大勇/摄

王大勇/摄

生物学特性： 旅鸟，体长约33厘米。似红嘴鸥，但体型较小，具粗短的黑色喙。繁殖羽头部的黑色延至颈后，色彩比红嘴鸥深，具清楚的白色眼环；初级飞羽合拢时呈斑马样图纹，飞行时白色后缘清晰可见，翼下初级飞羽外侧黑色。常与其他鸥混群。飞行轻盈，几乎从不游泳。

分布： 繁殖于我国东部沿海地区，密云罕见。

鸻形目 鸥科

小鸥

国家二级重点保护野生动物

拼音：xiǎo ōu　学名：*Hydrocoloeus minutus*　英文名：Little Gull

杜卿 / 摄

杜卿 / 摄

关翔宇 / 摄

生物学特性： 旅鸟，体长约 26 厘米。头及喙黑色，腿红色。飞行时整个翼下色深并具狭窄的白色后缘。非繁殖羽头白色，头顶、眼周及耳羽的月牙形斑均尾灰色，尾略凹。飞行轻盈如燕鸥，入水时两腿下悬先行伸入水面。
分布： 在我国非常罕见，密云罕见。

鸻形目 鸥科

遗鸥

国家一级重点保护野生动物

拼音：yí ōu　　学名：*Ichthyaetus relictus*　　英文名：Relict Gull

宋会强 / 摄

王志成 / 摄

李爱宏 / 摄

生物学特性： 旅鸟，体长约 45 厘米。头黑色，喙及脚红色。与棕头鸥及体型较小的红嘴鸥区别在于头少褐色而具近黑色"头罩"，翼合拢时翼尖具数个白点，飞行时可见前几枚初级飞羽黑色。非繁殖羽耳羽部具深色斑块，飞行时可见翼后缘比红嘴鸥或棕头鸥色浅。集群营巢。

分布： 繁殖于我国北方地区，密云罕见。

鸻形目 鸥科

渔鸥

拼音：yú ōu　　学名：*Ichthyaetus ichthyaetus*　　英文名：Pallas's Gull

杜卿 / 摄

王大勇 / 摄

杜卿 / 摄

生物学特性： 旅鸟，体长约 68 厘米的灰色鸥。头黑色而喙近黄色，上下眼睑白色。非繁殖羽头部白色，眼后具深色斑块，头顶有深色纵纹，喙上红色大部分消失。飞行时可见翼下全白，仅翼尖有小块黑色并具翼镜。栖于沙滩、高原湖泊及平原湿地，常在水上休息。

分布： 繁殖于我国西北地区湿地，密云偶见。

鸻形目 鸥科

灰背鸥

拼音：huī bèi ōu　学名：*Larus schistisagus*　英文名：Slaty-backed Gull

汤子龙 / 摄

汤子龙 / 摄

汤子龙 / 摄

生物学特性： 冬候鸟，体长约61厘米。背部深灰色，腿粉红色，喙黄色，具红点。似银鸥但背部灰色更深，腿更显粉红。白色月牙形肩带较宽。非繁殖期成鸟头后及颈部具褐色纵纹。

分布： 冬季见于我国沿海地区，密云偶见。

鸻形目 鸥科

黑尾鸥

拼音: hēi wěi ōu **学名:** *Larus crassirostris* **英文名:** Black-tailed Gull

贺建华 / 摄

张德怀 / 摄

张德怀 / 摄

生物学特性: 旅鸟,体长约47厘米,背部深灰色,腰白色,尾白色而具宽大的黑色次端带,两翼狭长。非繁殖期头顶及颈背具深色斑。合拢的翼尖上具四个白色斑点。

分布: 繁殖于我国东部沿海地区,密云常见。

鸻形目 鸥科

普通海鸥

拼音：pǔ tōng hǎi ōu　　学名：*Larus canus*　　英文名：Mew Gull

杜卿 / 摄

宋会强 / 摄

生物学特性： 旅鸟，体长约 45 厘米。腿及喙绿黄色，尾白色；初级飞羽的羽尖白色，具大块的白色翼镜；非繁殖羽头及颈部具有褐色细纹，有时喙尖有黑色。
分布： 在全国广泛分布，密云偶见。

鸻形目 鸥科

西伯利亚银鸥

拼音： xī bó lì yà yín ōu **学名：** *Larus vegae* **英文名：** Vega Gull

（非繁殖羽）宋会强 / 摄

廉士杰 / 摄

张德怀 / 摄

生物学特性： 旅鸟，体长约 64 厘米。背部浅灰色，腿淡粉红色；非繁殖羽头部及颈部具纵纹；三级飞羽形成白色月牙形图案。飞行时初级飞羽外侧羽上具小块翼镜；翼合拢时至少可见 6 枚白色羽尖。

分布： 栖息在沿海、内陆水域。迁徙时经过北方和东北区域，密云常见。

鸻形目 鸥科

小黑背银鸥

拼音: xiǎo hēi bèi yín ōu　　**学名:** *Larus fuscus*　　**英文名:** Lesser Black-backed Gull

(上中为小黑背银鸥)高宏颖 / 摄

生物学特性: 旅鸟,体长约 62 厘米。与其他鸥类相比,其体型更为细长。喙亮黄色,且有一个鲜红的斑点;背部颜色多变,根据不同群体从深灰色到黑色变化不定;双腿呈黄色。栖息于草原、沙洲、人工水域等地,主要以鱼和水生无脊椎动物为食。

分布: 在全国广泛分布,密云罕见。

鸻形目 鸥科

鸥嘴噪鸥

拼音：ōu zuǐ zào ōu　　学名：*Gelochelidon nilotica*　　英文名：Common Gull-billed Tern

（非繁殖羽）王大勇/摄

王大勇/摄

（非繁殖羽）宋会强/摄

生物学特性：旅鸟，体长约39厘米。尾狭而尖叉，喙黑色。成鸟非繁殖期腹部白色，背部灰色，头白色，颈背具灰色杂斑。繁殖期头顶全黑。常栖息于沿海河口、潟湖及内陆湖泊。常徘徊飞行，取食时通常轻掠水面或于泥地捕食甲壳类及其他猎物，很少潜入水中。

分布：繁殖于我国北方地区，密云常见。

鸻形目 鸥科

红嘴巨燕鸥

拼音: hóng zuǐ jù yàn ōu **学名:** *Hydroprogne caspia* **英文名:** Caspian Tern

5d 鸟 / 摄

贺建华 / 摄

贺建华 / 摄

生物学特性: 旅鸟,体长约 49 厘米,具显眼的红色长喙。顶冠羽繁殖期黑色,非繁殖期白色并具纵纹。初级飞羽腹面黑色。喜沿海、湖泊、红树林及河口。

分布: 繁殖于我国华北等地,越冬于华南、东南地区以及台湾、海南等地,密云常见。

鸻形目 鸥科

白额燕鸥

拼音： bái é yàn ōu **学名：** *Sternula albifrons* **英文名：** Little Tern

宋会强 / 摄　　　　　　　　　　　　　　奇异恩典 / 摄

生物学特性： 夏候鸟或旅鸟，体长约 24 厘米。尾开叉浅。繁殖期头顶、颈背及贯眼线黑色，额白色。非繁殖期头顶及颈背黑色部分减小至月牙形，翼前缘黑色，后缘白色。栖居于海边沙滩和内陆湿地，与其他燕鸥混群。振翼快速，常做徘徊飞行，潜水方式独特，入水快，飞升也快。

分布： 繁殖于我国大部分地区，密云常见。

普通燕鸥

拼音：pǔ tōng yàn ōu　　学名：*Sterna hirundo*　　英文名：Common Tern

（幼鸟）石郁勤 / 摄

小康 / 摄

石郁勤 / 摄

生物学特性： 夏候鸟或旅鸟，体长约 35 厘米。繁殖羽头顶、后颈黑色，背及肩部灰色，腹部灰色，停栖时，翼尖与尾尖等长。非繁殖羽额白色，头顶具黑色及白色杂斑。栖息于海岸、河口、沼泽带，飞行有力，从高处俯冲向水面取食。

分布： 在我国北方地区繁殖。密云常见。

鸻形目 鸥科

白翅浮鸥

拼音： bái chì fú ōu　　**学名：** *Chlidonias leucopterus*　　**英文名：** White-winged Tern

（非繁殖羽）王家春 / 摄

董柏 / 摄

董柏 / 摄

生物学特性： 夏候鸟或旅鸟，体长约 23 厘米。尾浅开叉。繁殖羽的头、背及胸黑色，与白色尾及浅灰色翼成明显反差，翼上近白色，翼下覆羽明显黑色。非繁殖羽背部浅灰，头后具灰褐色杂斑，腹部白色。与灰翅浮鸥的非繁殖羽区别于白色颈环较完整，头顶黑色较少，杂斑较多，黑色耳覆羽将黑色头顶及浅色腰隔开。喜沿海地区、港湾及河口，集小群活动，也至内陆稻田及沼泽觅食。取食时掠过水面，顺风而飞捕捉昆虫。常栖于杆状物上。

分布： 繁殖于新疆西北部天山、东北地区及黄河拐角处，越冬于华南和东南沿海地区及台湾、海南等地，密云常见。

鸻形目 鸥科

灰翅浮鸥

拼音： huī chì fú ōu **学名：** *Chlidonias hybrida* **英文名：** Whiskered Tern

高淑俊 / 摄

宋会强 / 摄

宋鹏涛 / 摄

生物学特性： 夏候鸟或旅鸟，体长约 25 厘米。繁殖羽上背灰色，尾白色，喙黄色，腿粉红。非繁殖羽头后及颈背略具褐色纵纹；初级飞羽灰色，无明显翼镜；喙厚实，黑色。栖息于沿海滩涂和内陆湿地觅食。

分布： 在我国广泛分布，密云常见。

潜鸟目

潜鸟目（GAVIIFORMES），强壮的中大型海洋性鸟类，典型的游禽。潜鸟目鸟类既擅长潜水又不失飞翔能力，但在陆地上走路则很笨拙。腿部粗壮，脚趾间有很大的脚蹼；具有长而尖的喙，很适合捕食小鱼虾。繁殖期广泛分布于我国北方高纬度地区，冬季南迁。北京市分布1科3种，密云区分布1科1种。

红喉潜鸟 杜卿/摄

潜鸟目 潜鸟科

红喉潜鸟

拼音：hóng hóu qián niǎo　　学名：*Gavia stellata*　　英文名：Red-throated Loon

（非繁殖羽）谭陈 / 摄

生物学特性： 旅鸟，体长约 61 厘米。繁殖羽脸部、喉部及颈侧灰色，具一条栗色带，自喉部伸至颈前成三角形，颈背多具纵纹；腹部白色。非繁殖羽的颈、颈侧及脸白色，背部近黑而具白色纵纹。游水时喙略上扬。有时集群活动。种群数量稀少，以潜水捕鱼为食。

分布： 在我国繁殖于北方地区，密云罕见。

鹳形目

鹳形目（CICONIIFORMES），大型涉禽。喙粗长且喙基较厚，颈和脚细长。雌雄同色，体羽多以黑色、白色、红色和黄棕色为主，尾较短。大多单独或成群栖息于河流、湖泊、沼泽等湿地环境，飞行能力强，营巢于树木、岩壁和房顶等高处。以鱼类、两栖爬行类和昆虫等甚至腐肉为食。分布于温带的种类具迁徙习性。北京市分布的1科2种在密云区均有分布。

东方白鹳 廉士杰／摄

鹳形目 鹳科

黑鹳

国家一级重点保护野生动物

拼音：hēi guàn　　学名：*Ciconia nigra*　　英文名：Black Stork

杜卿 / 摄

李国申 / 摄

董柏 / 摄

生物学特性： 留鸟，体长约100厘米的黑色鹳。头、颈、上体为黑色，胸部、腹部及尾下覆羽白色，喙及腿红色；黑色部位具绿色和紫色的光泽；飞行时翼下黑色，仅三级飞羽及次级飞羽内侧白色；眼周裸露皮肤红色。栖于沼泽地区、池塘、湖泊、河流沿岸及河口。冬季有时集小群活动。

分布： 繁殖于我国北方地区，越冬至长江以南地区及台湾，密云常见。

鹳形目 鹳科

东方白鹳 国家一级重点保护野生动物

拼音：dōng fāng bái guàn　　**学名**：*Ciconia boyciana*　　**英文名**：Oriental Stork

崔仕林 / 摄

董柏 / 摄

生物学特性：旅鸟，体长约 105 厘米的白色鹳。两翼和厚直的喙黑色，腿红色，眼周裸露皮肤粉红色；飞行时黑色初级飞羽及次级飞羽与纯白色体羽成强烈对比。与白鹳的区别在于喙黑色而非偏红色。栖于开阔原野及森林，以小型脊椎动物为食。

分布：繁殖于我国东北地区，越冬于长江下游的湖泊，密云常见。

鹳形目 鹭科

草鹭

北京市重点保护野生动物

拼音：cǎo lù　学名：*Ardea purpurea*　英文名：Purple Heron

贺建华 / 摄

徐赵东 / 摄

徐赵东 / 摄

生物学特性： 夏候鸟或旅鸟，体长约 80 厘米的深色鹭。头顶黑色并具两道饰羽，颈部棕色，颈侧具黑色纵纹。背及覆羽灰色，飞羽黑色，其余体羽红褐色。喜稻田、芦苇地、湖泊及溪流。常单独在有芦苇的浅水中，低歪着头伺机捕鱼及其他食物。飞行时振翅缓慢而沉重。

分布： 我国常见于东部和南方地区，密云常见。

鹈形目 鹭科

大白鹭

北京市重点保护野生动物

拼音：dà bái lù　学名：*Ardea alba*　英文名：Great Egret

徐赵东 / 摄

张德怀 / 摄

王志成 / 摄

生物学特性：夏候鸟、旅鸟或冬候鸟，体长约 95 厘米的白色鹭。比其他白色鹭大许多，喙较厚重，颈部具特别的扭结。繁殖羽脸颊裸露皮肤蓝绿色，喙黑色，腿部裸露皮肤红色。非繁殖羽脸颊裸露皮肤黄色，喙黄而喙端常为深色。一般单独或集小群，在湿润或漫水的地带活动。

分布：全国广布，密云常见。

鹳形目 鹭科

中白鹭

拼音：zhōng bái lù 学名：*Ardea intermedia* 英文名：Intermediate Egret

宋会强 / 摄

宋会强 / 摄

张德怀 / 摄

生物学特性： 夏候鸟或旅鸟，体长约 69 厘米的白色鹭。体型在白鹭与大白鹭之间，喙相对短，颈呈"S"形。于繁殖羽时其背及胸部有松软的长丝状羽，喙及腿短期呈粉红色，脸部裸露皮肤灰色。喜稻田、湖畔、沼泽地、红树林及沿海泥滩。与其他水鸟混群营巢。

分布： 在我国华北至南方地区广布，密云常见。

鹈形目 鹭科

白鹭

拼音：bái lù　　学名：*Egretta garzetta*　　英文名：Little Egret

董柏 / 摄　　　　　　　　　　　　　　　　张德怀 / 摄

徐赵东 / 摄

生物学特性： 夏候鸟或旅鸟，体长约 61 厘米。体羽白色，繁殖期枕部具有两根狭长的长矛状羽毛，前颈和背部着生蓑羽，背部蓑羽常长过尾，喙黑，但非繁殖期下喙变黄，跗趾黑色，脚趾黄色。栖息于平原的湖泊、沼泽、稻田等湿地，以鱼虾、泥鳅、蚯蚓、蛙和昆虫等为食，兼食植物性食物。

分布： 在我国广布，密云常见。

鹈形目 鹈鹕科

卷羽鹈鹕　　国家一级重点保护野生动物

拼音：juǎn yǔ tí hú　　**学名**：*Pelecanus crispus*　　**英文名**：Dalmatian Pelican

谭陈 / 摄

谭陈 / 摄

生物学特性：旅鸟，体长约175厘米。体羽灰白色，眼周浅黄色，喉囊橘黄色或黄色。翼下白色，仅飞羽羽尖黑色。颈背具卷曲的冠羽。繁殖期发出沙哑的嘶嘶声。喜群栖，捕食鱼类。

分布：在我国北方分布较广，密云罕见。

鹈形目 鹈鹕科

白鹈鹕 国家一级重点保护野生动物

拼音：bái tí hú　　学名：*Pelecanus onocrotalus*　　英文名：Great White Pelican

小康 / 摄

小康 / 摄

生物学特性： 迷鸟，体长约 160 厘米的白色鹈鹕。体羽粉白色，仅初级飞羽及次级飞羽褐黑色。头后具短羽冠，胸部具黄色羽簇。亚成鸟褐色。通常无声，但能发出带喉音的咕哝声。具鹈鹕属的典型特性。喜湖泊及大型河流。
分布： 多见于我国西部地区，密云罕见。

牛背鹭 廉士杰 / 摄

鹰形目

鹰形目（ACCIPITRIFORMES），大中型猛禽。喙强壮带钩，基部覆蜡膜，上喙具锤状突或双齿突。雌雄大多同色，但一般雌性个体更大，羽色多以褐色、白色、黑色和棕色为主。翼型多样，善飞行，脚大多强健有力，并具锋利而弯曲的爪。栖息环境多样，从高山裸岩、森林、荒野、戈壁到沼泽、湖泊、河流、海岸和岛屿。寿命较长。以肉食性食物为主，捕捉鸟类、兽类、鱼类、昆虫等，或食腐肉。很多物种具有迁徙习性。北京市分布2科35种，密云区分布2科24种。

短趾雕 李国申 / 摄

鹰形目 鹗科

鹗

国家二级重点保护野生动物

拼音：è　学名：*Pandion haliaetus*　英文名：Osprey

宋会强 / 摄

齐秀双 / 摄

李国申 / 摄

生物学特性： 旅鸟，体长约 55 厘米。头及腹部白色，具黑色贯眼纹。背部多暗褐色，深色的短冠羽可竖立。繁殖期发出响亮哀怨的哨音。善于潜水捕鱼。

分布： 我国分布广泛，密云常见。

鹰形目 鹰科

黑翅鸢
国家二级重点保护野生动物

拼音：hēi chì yuān　　学名：*Elanus caeruleus*　　英文名：Black-shouldered Kite

董柏 / 摄

李国申 / 摄

徐赵东 / 摄

生物学特性： 迷鸟，体长约30厘米。具黑色的肩部斑块及狭长的初级飞羽。成鸟头顶、背、翼覆羽及尾基部灰色，脸、颈及腹部白色。可振羽停于空中，寻找猎物。

分布： 在我国东部、南方地区和华北地区广泛分布，密云偶见。

鹰形目 鹰科

栗鸢　　　国家二级重点保护野生动物

拼音：lì yuān　　学名：*Haliastur indus*　　英文名：Brahminy Kite

月照枫林 / 摄

月照枫林 / 摄

杜卿 / 摄

生物学特性： 迷鸟，体长约 45 厘米。成鸟头颈及胸部白色，翼、背、尾及腹部浓红棕色，与黑色的初级飞羽形成对比。单独或集小群活动，生活在大型河流及沿海，在水道或近水处盘旋。

分布： 在我国多见于华中至南方地区，密云罕见。

鹰形目 鹰科

凤头蜂鹰 国家二级重点保护野生动物

拼音：fèng tóu fēng yīng　　学名：*Pernis ptilorhynchus*　　英文名：Oriental Honey-buzzard

宋会强 / 摄

崔仕林 / 摄

宋会强 / 摄

生物学特性： 旅鸟，体长约58厘米的深色鹰。凤头或有或无，有浅色、中间色及深色型。背部由白色至赤褐色再至深褐色，腹部满布点斑及横纹，尾具不规则横纹。喉部具浅色斑块，并常具黑色中线。飞行时振翼几次后便做长时间滑翔，两翼平伸翱翔高空。有取食蜜蜂及蜂巢的习性。

分布： 繁殖于我国北方和西部地区，密云常见。

鹰形目 鹰科

秃鹫

国家一级重点保护野生动物

拼音：tū jiù　　学名：*Aegypius monachus*　　英文名：Cinereous Vulture

宋会强 / 摄

杜卿 / 摄

宋会强 / 摄

生物学特性： 冬候鸟或留鸟，体长约100厘米的深褐色鹫。成鸟头部为裸区，皮黄色，喉及眼下部分黑色，两翼长而宽，具平行的翼缘，后缘明显内凹，翼尖的七枚飞羽散开呈深叉形。尾短呈楔形。食腐肉但也捕捉活猎物。

分布： 繁殖于我国北方地区，密云常见。

鹰形目 鹰科

短趾雕　　国家二级重点保护野生动物

拼音：duǎn zhǐ diāo　　学名：*Circaetus gallicus*　　英文名：Short-toed Snake Eagle

李国申 / 摄

宋会强 / 摄

廉士杰 / 摄

生物学特性： 夏候鸟或旅鸟，体长约65厘米。背部灰褐色，腹部白色而具深色纵纹，喉及胸单一褐色，腹部具不明显的横斑，尾具不明显的宽阔横斑。飞行时可见覆羽及飞羽上长而宽的纵纹。栖于森林边缘及次生灌丛。盘旋及滑翔时两翼平直，常停在空中振羽。

分布： 我国广泛分布，密云常见。

鹰形目 鹰科

乌雕

国家一级重点保护野生动物

拼音：wū diāo　　学名：*Clanga clanga*　　英文名：Greater Spotted Eagle

宋会强 / 摄

老徐 / 摄

杜卿 / 摄

生物学特性： 旅鸟，体长约70厘米。尾短，蜡膜及脚黄色。体羽随年龄及不同亚种而有变化。所有型的尾上覆羽均具白色的"U"形斑。栖于近湖泊的开阔沼泽地区，迁徙时栖于开阔地区。食物主要为青蛙、蛇类、鱼类及鸟类。

分布： 繁殖于我国北方，密云常见。

鹰形目 鹰科

靴隼雕   国家二级重点保护野生动物

拼音：xuē sǔn diāo   学名：*Hieraaetus pennatus*   英文名：Booted Eagle

杜卿 / 摄   王大勇 / 摄

生物学特性： 旅鸟，体长约50厘米。胸部棕色（深色型）或淡皮黄色（浅色型），背部褐色，具黑色和皮黄色杂斑，两翼及尾褐色深。飞行时深色的初级飞羽与皮黄色（浅色型）或棕色（深色型）的翼下覆羽形成强烈对比。

分布： 繁殖于我国北方，密云偶见。

鹰形目 鹰科

草原雕　　国家一级重点保护野生动物

拼音： cǎo yuán diāo　　**学名：** *Aquila nipalensis*　　**英文名：** Steppe Eagle

廉士杰 / 摄

宋会强 / 摄

张德怀 / 摄

鸿雁 / 摄

生物学特性： 旅鸟，体长约 65 厘米。雄鸟腰部和尾上覆羽为浅色，翼下大覆羽形成一条不明显的白线，飞羽及尾羽有横斑，翼后缘颜色比较深。雌鸟像雄鸟，但体型较大。偏好有短草或低矮植被的地区，以小型动物为食。
分布： 常见于我国北方的干旱平原，密云偶见。

鹰形目 鹰科

金雕

国家一级重点保护野生动物

拼音：jīn diāo　　**学名**：*Aquila chrysaetos*　　**英文名**：Golden Eagle

董柏 / 摄

董柏 / 摄

鸿雁 / 摄

生物学特性：留鸟或旅鸟，体长约 85 厘米。体羽浓褐色，头顶至后颈羽色呈金黄色，尾羽褐黑色并有黑色横带。腿部被羽。栖息于高山草原和山地林区，捕食狐、雉、野兔、鸽、家羊等动物。

分布：在我国广泛分布，密云常见。

鹰形目 鹰科

赤腹鹰

国家二级重点保护野生动物

拼音：chì fù yīng　　学名：*Accipiter soloensis*　　英文名：Chinese Goshawk

廉士杰 / 摄

高生池 / 摄

宋会强 / 摄

生物学特性：夏候鸟或旅鸟，体长约 33 厘米。腹部色甚浅；成鸟背部淡蓝灰色，背部羽尖略具白色，外侧尾羽具不明显黑色横斑，腹部白色，胸及两胁略沾粉色，两胁具浅灰色横纹，腿上也略具横纹。成鸟翼下除初级飞羽羽端黑色外几乎全白色。喜开阔林区，捕食小鸟、青蛙，捕食动作快，有时在上空盘旋。

分布：主要分布在我国华北至南方地区，密云常见。

鹰形目 鹰科

日本松雀鹰 国家二级重点保护野生动物

拼音：rì běn sōng què yīng　　学名：*Accipiter gularis*　　英文名：Japanese Sparrow Hawk

（雌）北京太阳鸟 / 摄

（幼鸟）董柏 / 摄

张小玲 / 摄

生物学特性： 夏候鸟及旅鸟，体长约 30 厘米。小型猛禽，雄鸟背部深灰色，腹部红棕色，喉白色并具一条粗的黑色纵纹。雌鸟体型略大于雄鸟，背部褐色，腹部具深色横斑。眼圈金黄色，喙蓝灰色，脚黄色。栖息于山地森林，迁徙时经过平原地区，善于在林中穿飞。捕食小型鸟类、爬行类和鼠类。营巢于高大树木的上层，每窝产卵 4~6 枚，卵浅蓝色，雌鸟孵卵。

分布： 繁殖于我国华北北部和东北地区，迁徙经过我国东部地区，越冬于华南地区，密云常见。

鹰形目 鹰科

雀鹰

国家二级重点保护野生动物

拼音：què yīng　　学名：*Accipiter nisus*　　英文名：Eurasian Sparrow Hawk

（雌）廉士杰／摄

杜卿／摄

宋会强／摄

（雌）鸿雁／摄

生物学特性： 冬候鸟及旅鸟，体长约34厘米。雄鸟背部灰蓝色，体腹面白色，有栗褐色横斑。眉线白色，颊栗红色，眼圈黄色，喉白色。尾羽灰褐色，有4条褐色横带。雌鸟体型较大，背部褐色，腹部白色，胸腹部具灰褐色横斑。栖息于开阔地附近树林、森林边缘及草地，以小型鸟类和鼠类为食。

分布： 我国各地广泛分布，密云常见。

鹰形目 鹰科

苍鹰

国家二级重点保护野生动物

拼音：cāng yīng　　学名：*Accipiter gentilis*　　英文名：Northern Goshawk

杜卿 / 摄

（亚成鸟）贺建华 / 摄

宋会强 / 摄

生物学特性： 冬候鸟及旅鸟，体长约56厘米。背部蓝灰色，有白色眉纹。腹部白色，密布黑褐色横纹。尾羽灰褐色，具宽阔黑色横带。幼鸟背部褐色，腹面棕褐色，带偏黑色粗纵纹。栖息于丘陵山麓的针叶林、阔叶林和混交林中。以鼠、野兔、鸟等动物为食。

分布： 在我国北方及东部地区广泛分布，密云常见。

鹰形目 鹰科

白头鹞

国家二级重点保护野生动物

拼音：bái tóu yào　　学名：*Circus aeruginosus*　　英文名：Western Marsh Harrier

（雌）高宏颖/摄

（雌）杜卿/摄

宋会强/摄

赵小健/摄

生物学特性： 迷鸟，体长约50厘米的深色鹞。雄鸟头部多皮黄色而少深色纵纹。雌鸟及亚成鸟似白腹鹞，但背部深褐色更明显，尾无横斑，头顶少深色粗纵纹。雌鸟腰无浅色。翼下初级飞羽的白色块斑（如果有）少深色杂斑。

分布： 繁殖于我国北方，密云罕见。

鹰形目 鹰科

白腹鹞

国家二级重点保护野生动物

拼音：bái fù yào　　**学名**：*Circus spilonotus*　　**英文名**：Eastern Marsh Harrier

宋会强 / 摄

董柏 / 摄

（雌）贺建华 / 摄

生物学特性：旅鸟或冬候鸟，体长约50厘米。有黑色和褐色两种色型，黑色型雄鸟翼和尾灰色，翼端黑色，中、小覆羽黑色，颏喉部和上胸黑色，杂以白色斑点，下胸、腹部和尾下覆羽白色。褐色型雄鸟黑色部分为褐色部分所代。雌鸟背部、腰部、两翼和尾棕褐色，背部和肩部各羽具淡色羽缘，头颈部褐色，具白色纵纹。腹部、颏、喉部白色，胸部以下棕褐色。栖息于沼泽地带，常低空盘旋觅食，筑巢于地面上。

分布：我国北方繁殖，分布广泛，密云常见。

鹰形目 鹰科

白尾鹞　　国家二级重点保护野生动物

拼音：bái wěi yào　　**学名**：*Circus cyaneus*　　**英文名**：Hen Harrier

董柏 / 摄　　　　　　　　　　　　　　　（雌）廉士杰 / 摄

生物学特性：旅鸟或冬候鸟，体长约 50 厘米的灰色或褐色鹞。雄鸟具显眼的白色腰部及黑色翼尖，雌鸟褐色，与乌灰鹞的区别在领环色浅，头部色彩平淡且翼下覆羽无赤褐色横斑，次级飞羽色浅，上胸具纵纹。喜开阔原野、草地及农耕地。飞行比草原鹞或乌灰鹞更显缓慢而沉重。

分布：繁殖于我国北方，密云常见。

鹰形目 鹰科

鹊鹞

国家二级重点保护野生动物

拼音：què yào　　学名：*Circus melanoleucos*　　英文名：Pied Harrier

董柏 / 摄

（雌）奇异恩典 / 摄

（雌）宋会强 / 摄

奇异恩典 / 摄

生物学特性： 旅鸟，体长约 42 厘米，两翼细长的鹞。雄鸟体羽黑、白及灰色，头、喉及胸部黑色而无纵纹。雌鸟背部褐色沾灰并具纵纹，腰白色，尾具横斑，腹部皮黄色具棕色纵纹，飞羽下面具近黑色横斑。在开阔原野、沼泽地带、芦苇地及稻田的上空低空滑翔。

分布： 繁殖于我国东北地区，密云常见。

鹰形目 鹰科

黑鸢　　　国家二级重点保护野生动物

拼音：hēi yuān　　学名：*Milvus migrans*　　英文名：Black Kite

廉士杰 / 摄

董柏 / 摄

宋会强 / 摄

生物学特性： 旅鸟，体长约55厘米的深褐色猛禽。具浅叉型尾；飞行时可见初级飞羽基部浅色斑与近黑色的翼尖。头有时比背色浅。与黑耳鸢区别在于前额及脸颊棕色。喜开阔的乡村、城镇及村庄。优雅盘旋或做缓慢振翅飞行。捕食鸟类、鼠类等小型脊椎动物。

分布： 我国广泛分布，密云常见。

鹰形目 鹰科

白尾海雕   国家一级重点保护野生动物

拼音：bái wěi hǎi diāo   学名：*Haliaeetus albicilla*   英文名：White-tailed Sea Eagle

廉士杰 / 摄

廉士杰 / 摄

宋会强 / 摄

生物学特性： 旅鸟或冬候鸟，体长约 85 厘米。头及胸浅褐色，喙较大呈黄色，白色尾短呈楔形；翼下近黑的飞羽与深栗色的翼下覆羽成对比；体羽褐色，不同年龄具不规则锈色或白色点斑。栖息于河边、湖泊周围及沿海。较懒散，蹲立不动可达几个小时。飞行时振翅甚缓慢。高空翱翔时两翼弯曲略向上扬。

分布： 在我国见于北方地区，密云常见。

鹰形目 鹰科

灰脸鵟鹰　　国家二级重点保护野生动物

拼音：huī liǎn kuáng yīng　　学名：*Butastur indicus*　　英文名：Grey-faced Buzzard

宋会强 / 摄

崔仕林 / 摄

生物学特性：旅鸟或夏候鸟，体长约 49 厘米。背部褐色，胸及腹部白色且密布褐色横纹。眼周及眼后耳羽灰褐色，眉线白色。颏与喉白色，具黑色的中央纵线和髭纹。尾羽褐色，有 4 条宽阔黑色横带。栖息于最高海拔 1500m 的开阔林地，飞行迅速，以昆虫、蛙类和鱼为食。

分布：广布于我国东部地区，密云常见。

鹰形目 鹰科

毛脚鵟   国家二级重点保护野生动物

拼音：máo jiǎo kuáng   学名：*Buteo lagopus*   英文名：Rough-legged Buzzard

宋会强 / 摄

杨华 / 摄

布衣翁 / 摄

杨华 / 摄

生物学特性：旅鸟或冬候鸟，体长约 54 厘米的褐色鵟。尾内侧白色，初级飞羽基部白色，翼角具黑斑，其深色两翼与浅色尾形成较强对比。雌鸟及幼鸟头色浅，胸色深。雄鸟头部色深，胸色浅。跗骨被羽。飞行时似大型鹞类。

分布：在我国北方繁殖，密云常见。

鹰形目 鹰科

大鵟

国家二级重点保护野生动物

拼音：dà kuáng　　**学名**：*Buteo hemilasius*　　**英文名**：Upland Buzzard

宋会强 / 摄

董柏 / 摄

董柏 / 摄

生物学特性：旅鸟或冬候鸟，体长约70厘米的棕色鵟。有几种色型。似棕尾鵟但体型较大，尾上偏白色并常具横斑，腿深色，次级飞羽具清晰的深色条带。浅色型具深棕色的翼缘。深色型初级飞羽下方的白色斑块比棕尾鵟小。尾常为褐色而非棕色。强健有力，能捕捉野兔及雪鸡，甚至绵羊。

分布：繁殖于我国北方，密云常见。

鹰形目 鹰科

普通𫛭

国家二级重点保护野生动物

拼音：pǔ tōng kuáng　　学名：*Buteo japonicus*　　英文名：Eastern Buzzard

张德怀 / 摄

宋会强 / 摄

宋会强 / 摄

生物学特性： 旅鸟或冬候鸟，体长约 55 厘米。体色差异较大，有黑色型、棕色型及中间型。全身体色大致暗褐色或灰褐色；喉暗褐色，胸及腹部淡褐色，腹部有黑褐色纵斑，尾羽褐色呈扇形，有数条黑褐色横纹。初级飞羽基部有特征性白色块斑，末端黑色，翼角黑色。栖息于开阔地附近稀疏的森林中，秋冬季出现在农田、草地、丘陵地上空，以啮齿类、野兔、蜥蜴、蛙类和昆虫为食。

分布： 我国广布，密云常见。

赤腹鹰 廉士杰/摄

鸮形目

鸮形目（STRIGIFORMES），夜行性猛禽。喙坚硬而钩曲，喙基蜡膜为硬须掩盖。尾短圆，尾羽12 枚，个别物种仅 10 枚。脚强健有力，常全部被羽，第四趾能向后反转，以利攀缘。爪尖锐有力。雏鸟为晚成性。耳孔周缘具耳羽，有助于分辨声源与夜间定位。营巢于树洞或岩隙中。北京市分布 1 科 10 种，密云区分布 1 科 9 种。

雕鸮　董柏/摄

鸮形目 鸱鸮科

北领角鸮　　国家二级重点保护野生动物

拼音：běi lǐng jiǎo xiāo　　学名：*Otus semitorques*　　英文名：Japanese Scops Owl

宋会强 / 摄

杜卿 / 摄

生物学特性： 夏候鸟或留鸟，体长约 24 厘米的灰褐色角鸮。具明显耳羽簇及特征性的浅沙色颈圈。背部偏灰色或沙褐色，并多具黑色及皮黄色的杂纹或斑块，腹部皮黄色，条纹黑色。雄雌鸟常成双对唱。大部分夜间栖于低处，繁殖季节叫声哀婉。从栖息处跃至地面捕捉鼠类等猎物。

分布： 在我国见于东北至华南地区，密云常见。

鸮形目 鸱鸮科

红角鸮　　国家二级重点保护野生动物

拼音：hóng jiǎo xiāo　　**学名**：*Otus sunia*　　**英文名**：Oriental Scops Owl

张德怀／摄　　　　　　　　　　　　　　　　董柏／摄

宋会强／摄

生物学特性：夏候鸟或旅鸟，体长约18厘米，有灰色型及棕色型。灰色型以灰褐色为主，棕色型以棕红色为主，密杂以黑褐色的虫蠹斑细纹，头顶两侧具长形的耳状羽突，外侧肩羽的外翈具大的棕白色斑块，尾羽与背部同色，但具棕白色横斑。腹部灰白色，颏、喉部棕白色，腹部缀以粗大的黑褐色纵纹，尾下覆羽白色。喙角质灰色，脚偏灰色。常栖息于高大树木茂密的枝叶中。主要取食啮齿类和蝗虫，偶尔捕食小鸟。

分布：广布于我国北方和南方地区，密云常见。

鸮形目 鸱鸮科

雕鸮

国家二级重点保护野生动物

拼音：diāo xiāo　　学名：*Bubo bubo*　　英文名：Northern Eagle Owl

廉士杰 / 摄

王家春 / 摄

宋会强 / 摄

生物学特性：留鸟，体长约 80 厘米。体羽以黄褐色为主，耳羽簇长。背部沙灰色至黄褐色，上背有粗黑纵纹，背部其余部分有黑斑。喉白色，胸和胁部为浓密浅黑色纵纹。栖息于山地林木或岩石峭壁上。夜行性鸟类，拂晓后返回栖息地。白天一般在密林中栖息，主要以鼠类为食。

分布：遍布全国，密云常见。

鸮形目 鸱鸮科

灰林鸮　　国家二级重点保护野生动物

拼音：huī lín xiāo　　学名：*Strix nivicolum*　　英文名：Himalayan Owl

宋会强 / 摄

郝建国 / 摄

李爱宏 / 摄

生物学特性： 留鸟，体长约40厘米。背部暗灰色，呈棕、褐斑杂状。脸盘灰色或褐色，眉纹白色，面盘边缘黑褐色。尾羽黑褐色，有淡色横斑，末端黑色。在沟谷或山地边缘树林中活动，喜欢栖息于栎树或针叶树上。黄昏开始活动觅食。主要以鼠类为食。

分布： 广布于我国华北至南方地区，密云常见。

鸮形目 鸱鸮科

长尾林鸮　　国家二级重点保护野生动物

拼音：cháng wěi lín xiāo　　学名：*Strix uralensis*　　英文名：Ural Owl

小舟 / 摄

宋会强 / 摄

小舟 / 摄

生物学特性： 留鸟，体长约 54 厘米。面盘宽而呈灰色；腹部皮黄灰色，具深褐色粗大纵纹，两胁横纹不明显；背部深褐色，具近黑色纵纹和棕红色及白色的点斑。栖于针叶林，求偶叫声深沉悠远。

分布： 繁殖于我国北方地区，密云常见。

鸮形目 鸱鸮科

纵纹腹小鸮 国家二级重点保护野生动物

拼音：zòng wén fù xiǎo xiāo　　**学名**：*Athene noctua*　　**英文名**：Little Owl

董柏 / 摄

张小玲 / 摄

王家春 / 摄

生物学特性：留鸟，体长约 23 厘米。背部褐色，具白色纵纹及斑点；腹部白色，具褐色杂斑及纵纹。头顶平，无耳羽簇，面盘不甚发达，有淡色眉纹并在前额连结。为白天活动的小型鸮类。栖息于平原开阔的林原地带，亦在农田附近的大树上活动。主要以昆虫和鼠类为食。

分布：广泛分布于我国北部及西部大多数地区，密云常见。

鸮形目 鸱鸮科

长耳鸮

国家二级重点保护野生动物

拼音：cháng ěr xiāo　　学名：*Asio otus*　　英文名：Long-eared Owl

鸿雁 / 摄

徐赵东 / 摄

鸿雁 / 摄

生物学特性： 旅鸟或冬候鸟，体长约34厘米。背部褐色，腹部棕黄色，杂以黑褐色"丰"形纵纹；橙色面盘明显，头顶有两个长的耳羽簇；飞羽和尾羽暗红褐色或灰褐色。栖息于阔叶林及针叶林中，黄昏时开始活动，是严格夜行性鸮类。

分布： 繁殖于我国北方，密云常见。

鸮形目 鸱鸮科

短耳鸮 国家二级重点保护野生动物

拼音：duǎn ěr xiāo　　学名：*Asio flammeus*　　英文名：Short-eared Owl

廉士杰 / 摄

董柏 / 摄

廉士杰 / 摄

生物学特性： 冬候鸟或旅鸟，体长约 38 厘米的黄褐色鸮。翼长，面盘显著，具短小的耳羽簇，虹膜黄色；背部黄褐色，满布黑色和皮黄色纵纹；腹部皮黄色，具深褐色纵纹。飞行时黑色的腕斑显而易见。喜有草的开阔地。
分布： 越冬时见于我国北方和东部地区，密云常见。

鸮形目 鸱鸮科

日本鹰鸮   国家二级重点保护野生动物

拼音： rì běn yīng xiāo   **学名：** *Ninox japonica*   **英文名：** Northern Boobook

李占芳 / 摄

李占芳 / 摄

生物学特性： 旅鸟或夏候鸟，体长约 30 厘米。无明显的脸盘和领翎，喙坚硬而钩曲，尾短圆，尾羽 12 枚。栖息于山地阔叶林、针叶林和混交林地，以及树木繁茂的公园和花园。夜行性，飞行迅捷无声，捕食昆虫、小鼠和小鸟等。

分布： 分布于我国北部至南方地区，密云偶见。

犀鸟目

犀鸟目（BUCEROTIFORMES），大中型攀禽。雌雄大多同色，体羽以黑色、白色、棕色为主。喙长而弯，具发达的羽冠或盔突。脚强健，尾长；爪尖锐有力。多活动于郁密的森林或开阔平原，营巢于树洞或岩洞。大多为留鸟，少数具有迁徙习性。北京市分布1科1种，密云区分布1科1种。

戴胜 马志红／摄

犀鸟目 戴胜科

戴胜

北京市重点保护野生动物

拼音：dài shèng　　学名：*Upupa epops*　　英文名：Eurasian Hoopoe

宋会强 / 摄

宋会强 / 摄

廉士杰 / 摄

生物学特性： 留鸟或夏候鸟，体长约 18 厘米。头顶具有长羽冠，后羽冠具白色次端斑，背部羽毛暗棕褐色，下背黑色而杂以淡棕色和白色宽阔横斑，尾羽黑色，中间具有一宽阔白色横斑。栖息于开阔的园地、农田或山脚平原等低海拔的树林等地，用喙在地面翻动寻找蚯蚓等土壤动物。飞行轨迹呈大波浪状。

分布： 广布于我国各地，密云常见。

佛法僧目

佛法僧目（CORACIIFORMES），体色艳丽的中小型攀禽。喙长且有力，头大而颈短，两翼多宽长。雌雄大多同色，或略有区别，体羽常具结构色。脚短，并趾型。尾多为平尾或圆尾，有的中央尾羽延长，极具特色。多栖息于河流、湖泊、森林、原野等生境，营巢于洞中。主要以鱼虾、两栖爬行类、昆虫和植物果实与种子为食。绝大多数不具备迁徙习性。北京市分布2科6种，密云区分布2科5种。

普通翠鸟 宋会强／摄

佛法僧目 佛法僧科

三宝鸟　北京市重点保护野生动物

拼音：sān bǎo niǎo　学名：*Eurystomus orientalis*　英文名：Oriental Dollarbird

董柏 / 摄

宋会强 / 摄

宋会强 / 摄

生物学特性： 夏候鸟或旅鸟，体长约 27 厘米。体背和翼上覆羽深绿色，飞羽深蓝色，有一白色块斑，飞行时尤其明显。尾羽蓝黑色，喉部为亮丽蓝色。胸、腹蓝绿色，喙、脚均为朱红色。栖息于开阔树林，常见于近林开阔地的树梢上活动，偶尔起飞追捕过往的昆虫，或向下俯冲捕捉地面昆虫。以各种昆虫为主食。繁殖期 4~6 月，很少自己营巢，常利用树洞，或在啄木鸟洞、鹊巢、人工巢箱中产卵，卵大多为白色，孵化 18~20 天后出雏。

分布： 在我国东北至西南地区、西藏东南部及海南繁殖，种群数量较少，偶见于台湾。在北方为夏候鸟，在广东为留鸟，密云常见。

佛法僧目 翠鸟科

蓝翡翠

北京市重点保护野生动物

拼音：lán fěi cuì　　学名：*Halcyon pileata*　　英文名：Black-capped Kingfisher

董柏 / 摄

宋会强 / 摄

武国福 / 摄

生物学特性：夏候鸟，体长约30厘米。头黑色，翼上覆羽黑色，背部其余为亮丽华贵的蓝色或紫色。两胁及臀沾棕色。飞行时白色翼斑显见。受惊时尖声大叫。喜大河流两岸、河口及红树林，栖于悬在河上的枝头。

分布：繁殖于我国华东、华中及华南的大部地区以及东南部包括海南。在台湾为迷鸟，密云常见。

佛法僧目 翠鸟科

普通翠鸟　　北京市重点保护野生动物

拼音：pǔ tōng cuì niǎo　　**学名：**_Alcedo atthis_　　**英文名：**Common Kingfisher

董柏 / 摄

宋会强 / 摄

杨华 / 摄

生物学特性： 夏候鸟或留鸟，体长约 16 厘米。头暗蓝绿色，具翠蓝色细斑。眼下和耳羽栗棕色，耳后颈侧白色，体背翠蓝色，肩和翅暗绿蓝色，翅上杂有翠蓝色斑。喉部白色，胸部以下呈鲜明的栗棕色。雄鸟喙黑色，雌鸟上喙黑色，下喙红色。栖息于开阔郊野的淡水湖泊、溪流、运河、鱼塘及红树林的岩石或探出的石头上，转头四顾寻鱼，俯冲入水捕食。主要以鱼类为食，亦兼食甲壳类和水生昆虫。繁殖期 4~7 月，筑巢于溪流土质堤壁上，挖掘土洞为巢。每窝产卵 6~7 枚。

分布： 为我国东北、华东、华中、华南、西南地区以及海南、台湾的常见留鸟，密云常见。

佛法僧目 翠鸟科

冠鱼狗

拼音：guān yú gǒu　　**学名**：*Megaceryle lugubris*　　**英文名**：Crested Kingfisher

宋会强 / 摄

宋会强 / 摄

董柏 / 摄

宋会强 / 摄

生物学特性：留鸟，体长约 35 厘米。头部具有发达的冠羽，背部青黑色并多具白色横斑和点斑，颊侧至颈侧有大块的白斑。栖息于山麓、小山丘或平原森林河溪间。常光顾流速快、多砾石的清澈河流及溪流。栖于水边矮树近水面的低枝或大块岩石上，有时跃飞空中，静观水中游鱼，一旦发现，立刻俯冲水中捕取，然后飞至树枝上吞食。

分布：分布于我国华中、华东及华南地区，密云偶见。

佛法僧目 翠鸟科

斑鱼狗

拼音：bān yú gǒu　**学名**：*Ceryle rudis*　**英文名**：Pied Kingfisher

宋会强 / 摄

宋会强 / 摄

李占芳 / 摄

生物学特性：夏候鸟，体长约 27 厘米。与冠鱼狗的区别在体型较小，冠羽较小，具显眼白色眉纹。背部黑而多具白点。初级飞羽及尾羽基白而稍黑。腹部白色，上胸具黑色的宽阔条带，其下具狭窄的黑斑。雌鸟胸带不如雄鸟宽。成对或集群活动于较大水体及红树林，喜嘈杂，常盘桓水面寻食。

分布：常见于我国华中至南方地区，密云偶见。

啄木鸟目

啄木鸟目（PICIFORMES），树栖性中小型攀禽。喙大多呈锥状，坚实有力。雌雄多为同色或羽色差异较小。两翼多短圆，脚短而强健，对趾型，善攀爬，尾较长，多为楔尾或平尾，有的类群尾羽坚硬可支撑身体。主要栖息于温带至热带雨林，营巢于树洞，多数种类为初级洞巢鸟。主要以昆虫、植物种子和果实为食。少数种类具迁徙习性。北京市分布1科9种，密云区分布1科7种。

大斑啄木鸟 廉士杰

啄木鸟目 啄木鸟科

棕腹啄木鸟 北京市重点保护野生动物

拼音：zōng fù zhuó mù niǎo　　**学名**：*Dendrocopos hyperythrus*　　**英文名**：Rufous-bellied Woodpecker

杜卿 / 摄

杜卿 / 摄

宋会强 / 摄

生物学特性：旅鸟，体长约20厘米。色彩浓艳，背、两翼及尾黑色，具成排的白点，头侧及腹部红褐色，臀红色。雄鸟顶冠及枕红色。雌鸟顶冠黑色而具白点。

分布：在我国北方地区繁殖，密云偶见。

啄木鸟目 啄木鸟科

蚁䴕

北京市重点保护野生动物

拼音：yǐ liè　学名：*Jynx torquilla*　英文名：Wryneck

小康 / 摄

高淑俊 / 摄

商伟 / 摄

生物学特性： 旅鸟，体长约 17 厘米。体羽斑驳杂乱，腹部具小横斑。喙相对较短，呈圆锥形。习性不同于其他啄木鸟，栖于树枝而不攀树，也不啄树干取食。

分布： 繁殖于我国北方，密云常见。

啄木鸟目 啄木鸟科

小星头啄木鸟

拼音：xiǎo xīng tóu zhuó mù niǎo　　**学名**：*Picoides kizuki*　　**英文名**：Japanese Spotted Woodpecker

贺建华 / 摄

张德怀 / 摄

马志红 / 摄

生物学特性：留鸟，体长约14厘米。背部黑色，具白色点斑，两翼白色点斑成行；外侧尾羽边缘白色，耳羽后具白色块斑。眉线短而白，腹部皮黄色，具黑色条纹。单独或成对活动，有时混入其他鸟群，栖于各种林区及园林中。

分布：在我国繁殖于东北至华中地区，密云高海拔地区常见。

啄木鸟目 啄木鸟科

星头啄木鸟 北京市重点保护野生动物

拼音： xīng tóu zhuó mù niǎo　**学名：** *Picoides canicapillus*　**英文名：** Grey-capped Woodpecker

宋会强 / 摄

李爱宏 / 摄

廉士杰 / 摄

生物学特性： 留鸟，体长约14厘米。雄鸟头顶灰黑色，背部黑色，背部和两翼具有白色横带，尾上覆羽和中央4对尾羽黑色，外侧尾羽褐色，并具棕白色横斑，腹部浅棕色并具有黑色条纹，枕部两侧具有一对小的红斑，雌鸟似雄鸟，但枕部无斑块。栖息于平原、丘陵和山地的阔叶林和针阔混交林，常单独或成对活动，食物主要为昆虫。

分布： 繁殖于我国东北、华北地区，密云常见。

啄木鸟目 啄木鸟科

白背啄木鸟 北京市重点保护野生动物

拼音：bái bèi zhuó mù niǎo 学名：*Dendrocopos leucotos* 英文名：White-backed Woodpecker

（雌）马志红 / 摄

（雌）马志红 / 摄

杜卿 / 摄

生物学特性： 留鸟，体长约25厘米。下背白色，雄鸟头顶绯红色（雌鸟黑色），额白色。腹部白色而具黑色纵纹，臀部红色。喜栖于山地混交林。

分布： 在我国繁殖于北方及华南地区，密云常见。

啄木鸟目 啄木鸟科

大斑啄木鸟 北京市重点保护野生动物

拼音： dà bān zhuó mù niǎo　　**学名：** *Dendrocopos major*　　**英文名：** Great Spotted Woodpecker

（雌）石郁勤 / 摄

宋会强 / 摄

（雌）宋会强 / 摄

生物学特性： 留鸟，体长约23厘米。雄鸟背部黑色，尾黑色，楔形，羽轴坚硬，外侧尾羽有一宽阔的白色横斑，两翼黑色，有多条白色带纹和一大的白斑，尾下覆羽红色。雌鸟似雄鸟，但枕部无红色斑带。栖息于平原、丘陵和山地的阔叶林、园林等处，喙强直似凿，舌细长且尖端具钩，善于取食树皮下面的昆虫。

分布： 为我国啄木鸟最常见的物种，密云常见。

啄木鸟目 啄木鸟科

灰头绿啄木鸟 北京市重点保护野生动物

拼音： huī tóu lǜ zhuó mù niǎo　　**学名：** *Picus canus*　　**英文名：** Grey-faced Woodpecker

鸿雁 / 摄

（雌）宋会强 / 摄

王振东 / 摄

生物学特性： 留鸟，体长约 23 厘米。雄鸟背部橄榄绿色，腰部和尾上覆羽黄绿色，额部和头顶红色，枕部灰色并有黑纹，颊部、颏和喉部灰色，髭纹黑色。初级飞羽黑色，具有白色横条纹，腹部灰绿色。雌雄相似，但雌鸟头顶和额部绯红色。栖息于山林间，夏季取食昆虫，冬季兼食一些植物种子。

分布： 在我国北方地区繁殖，密云常见。

隼形目

隼形目（FALCONIFORMES），中小型日行性猛禽。喙短而强劲且带钩，上喙具单齿突，蜡膜明显。身体呈锥状，两翼尖长，尾较长，为圆尾或楔尾。大多雌雄同色或羽色有细微差异，体羽多以黑色、白色、灰色和红棕色为主。栖息于林缘和开阔生境，飞行迅速有力，多在空中和地面捕食猎物，以昆虫、鸟类和啮齿类动物为食。营巢于岩缝、树洞，本目和鹰形目的相似性更多源自趋同进化。北京市分布1科7种，密云区分布1科7种。

猎隼 奇异恩典/摄

隼形目 隼科

黄爪隼

国家二级重点保护野生动物

拼音：huáng zhǎo sǔn　　学名：*Falco naumanni*　　英文名：Lesser Kestrel

（雌、雄）杜卿/摄

（雌）杜卿/摄

生物学特性： 旅鸟，体长约30厘米的红褐色隼。雄鸟头灰色，背部红褐色而无斑纹，腰及尾蓝灰色，腹部淡棕色。雌鸟红褐色较重，背部具横斑及点斑，腹部具深色纵纹。飞行时尾呈楔形，爪浅色。于悬崖峭壁集群营巢，主要以昆虫为食，飞行时振翅快，迁徙时集大群。

分布： 在我国北方地区繁殖，密云罕见。

隼形目 隼科

红隼

国家二级重点保护野生动物

拼音：hóng sǔn　　学名：*Falco tinnunculus*　　英文名：Common Kestrel

（雌）杨华 / 摄

宋会强 / 摄

（雌）宋会强 / 摄

生物学特性： 留鸟、夏候鸟或冬候鸟，体长约33厘米的红褐色隼。雄鸟背部赤褐色，有黑色横斑；头顶及颈背灰色，眼下有黑斑；腹部皮黄色有黑色纵纹；尾羽末端灰白色，有一黑色次端斑。雌鸟背部深棕色杂以黑褐色横斑，尾羽带数条黑褐色横纹及一宽阔黑色次端斑。栖息于农田、疏林、灌丛等旷野地带，主要以鼠类、小鸟、昆虫为食。

分布： 在我国广泛分布，密云常见。

隼形目 隼科

红脚隼

国家二级重点保护野生动物

拼音：hóng jiǎo sǔn　　学名：*Falco amurensis*　　英文名：Eastern Red-footed Falcon

廉士杰 / 摄

（雌）宋会强 / 摄

（雌、雄）徐赵东 / 摄

生物学特性： 夏候鸟，体长约30厘米。雄鸟体羽以石板灰色为主，飞羽银灰色，翅下覆羽白色；腹部、两腿和尾下覆羽棕红色。雌鸟背部暗灰色，具淡褐色横斑；胸腹部棕黄色或棕白色，具黑色斑点。栖息于森林开阔地或河流、沼泽，主要以昆虫为食。

分布： 繁殖于我国北方地区，密云常见。

隼形目 隼科

灰背隼

国家二级重点保护野生动物

拼音：huī bèi sǔn　　学名：*Falco columbarius*　　英文名：Merlin

（雌）董柏/摄

董柏/摄

（雌）杨华/摄

生物学特性： 旅鸟或冬候鸟，体长约30厘米。无髭纹。雄鸟头顶及背部蓝灰色，略带黑色纵纹，尾羽具黑色次端斑；腹部黄褐色并多具黑色纵纹。雌鸟及亚成鸟背部灰褐色，腰灰色，眉纹及喉白色。栖于开阔草地或沼泽，飞掠地面捕捉小型鸟类。

分布： 繁殖于我国北方地区，密云常见。

隼形目 隼科

燕隼

国家二级重点保护野生动物

拼音：yàn sǔn　　学名：*Falco subbuteo*　　英文名：Hobby

董柏 / 摄

张德怀 / 摄

高淑俊 / 摄

生物学特性： 夏候鸟或旅鸟，体长约 30 厘米。背部暗灰色，胸黄色带有黑色纵纹；喉白色，后颈具一白色领圈；腹部、尾下覆羽和腿栗红色。栖息于山地次生林、开阔农田、草原和林区，主要捕食昆虫、蜥蜴、蝙蝠和小型鸟类。

分布： 在我国广泛分布，密云常见。

隼形目 隼科

猎隼　　　国家一级重点保护野生动物
拼音：liè sǔn　　学名：*Falco cherrug*　　英文名：Saker Falcon

宋会强 / 摄

宋会强 / 摄

董柏 / 摄

生物学特性：旅鸟或冬候鸟，体长约 50 厘米的浅色隼。颈背部偏白，头顶浅褐色；眼下方具不明显黑色线条，眉纹白色；背部多褐色而略具横斑，与翼尖的深褐色成对比；尾具狭窄的白色羽端；腹部偏白，尾下覆羽白色。具高山及高原大型隼的特性。

分布：繁殖于我国北方地区和青藏高原，密云偶见。

隼形目 隼科

游隼

国家二级重点保护野生动物

拼音：yóu sǔn　　学名：*Falco peregrinus*　　英文名：Peregrine Falcon

宋会强 / 摄

宋会强 / 摄

杜卿 / 摄

生物学特性：旅鸟或冬候鸟，体长约 45 厘米的深色隼。成鸟头顶及脸颊近黑色或具黑色条纹，背部深灰色具黑色点斑及横纹，腹部白色，胸具黑色纵纹，腹部、腿及尾下多具黑色横斑。雌鸟比雄鸟体大，常成对活动，飞行甚快，并从高空呈螺旋形而下猛扑猎物。

分布：繁殖于我国北方地区，密云常见。

雀形目

雀形目（PASSERIFORMES），鸟类中多样性最高的类群，有多种类型的生活习性。多为中小型鸣禽，喙形多样，具鸣管结构及鸣肌复杂，大多善于鸣啭，叫声多变悦耳；筑巢大多精巧，雏鸟晚成性。北京市分布39科249种，密云区分布38科189种。

金翅雀 廉士杰 /

雀形目 黄鹂科

黑枕黄鹂

北京市重点保护野生动物

拼音：hēi zhěn huáng lí　　学名：*Oriolus chinensis*　　英文名：Black-naped Oriole

布衣翁 / 摄

高淑俊 / 摄

石郁勤 / 摄

生物学特性： 夏候鸟或旅鸟，体长约 26 厘米。全身以黄色和黑色为主，形成鲜明的对比。喙粉红色，有明显的黑色过眼纹。雌鸟与雄鸟相似，但颜色稍黯淡。常常发出像猫叫的声音，鸣唱婉转多变，如同清亮的笛声。常成对或单只活动，栖息在浓密的树冠层，可以通过鸣声发现它们。主要以昆虫为食，也吃少量植物果实与种子。

分布： 在我国广泛分布，在密云常见于开阔林地和村庄。

雀形目　山椒鸟科

长尾山椒鸟　北京市重点保护野生动物

拼音：cháng wěi shān jiāo niǎo　　学名：*Pericrocotus ethologus*　　英文名：Long-tailed Minivet

宋会强 / 摄

（雌）杜卿 / 摄

（雌）宋会强 / 摄

生物学特性： 夏候鸟，体长约 20 厘米。雄鸟头和背部黑色，黑色的翼上有一个明显的倒"U"形红色翅斑。雌鸟头顶及背部橄榄绿色，有黄色的翅斑，前额及胸腹部黄色。鸣声为一连串快速的笛音，鸣唱圆润，并持续重复，经常边飞边叫。常集群活动，如果有一只个体飞走，其他个体也会跟随飞走。主要以昆虫为食，包括金龟子、瓢虫、凤蝶幼虫等。

分布： 主要分布于我国华北至西南地区，在密云常见于开阔处高大树木的树冠上。

雀形目 山椒鸟科

灰山椒鸟

拼音： huī shān jiāo niǎo　　**学名：** *Pericrocotus divaricatus*　　**英文名：** Ashy Minivet

（雌）王大勇／摄

杜卿／摄

（雌）贺建华／摄

生物学特性： 旅鸟，体长约20厘米。体羽主要为黑、灰、白三个颜色。雄鸟贯眼纹为黑色，两翼深灰色，背部其余部分灰色，胸腹部白色。雌鸟颜色偏灰色，腹部浅灰色。鸣声带有金属质感，多具颤音。常集群在树冠层上空飞翔，边飞边叫，鸣声清脆。主要以叩头虫、甲虫、瓢虫等昆虫为食。

分布： 主要分布于我国北方、华东地区。在密云常见于常绿阔叶林缘的高大乔木冠部。

雀形目 山椒鸟科

小灰山椒鸟

拼音： xiǎo huī shān jiāo niǎo　　**学名：** *Pericrocotus cantonensis*　　**英文名：** Swinhoe's Minivet

（雌）李占芳/摄

宋会强/摄

杜卿/摄

生物学特性： 夏候鸟或旅鸟，体长约18厘米。体羽以黑、灰、白色为主。雄鸟前额为明显白色，并延伸至眼睛后方，头顶至背部灰褐色，胸腹部褐色，显得有些脏。雌鸟与雄鸟相似，但前额带些灰色。鸣唱中经常出现颤音。飞行路线呈波浪状，常边飞边叫。主要以椿象、甲虫、蝼蛄等昆虫为食，也吃果实、草籽。

分布： 在我国主要分布于南方各地区，在密云偶见于阔叶林。

雀形目 山椒鸟科

暗灰鹃䴗

拼音：àn huī juān jú　　**学名**：*Lalage melaschistos*　　**英文名**：Black-winged Cuckooshrike

杜卿 / 摄

（雌）李爱宏 / 摄

王大勇 / 摄

生物学特性：夏候鸟，体长约 23 厘米。雌雄颜色相近，全身几乎都为黑灰色，雄鸟颜色较深，两翼亮黑色。雌鸟颜色略浅，腹部具细密横纹。鸣声为三或四个缓慢而有节奏的笛音。常单独或成对活动，行为活跃，喜好在树冠层取食。主要吃甲虫、蚱蜢、椿象等昆虫，也吃少量植物果实与种子。

分布：在我国主要分布于西南、东南地区，在密云偶见于开阔林地。

雀形目 卷尾科

黑卷尾

北京市重点保护野生动物

拼音： hēi juǎn wěi　　**学名：** *Dicrurus macrocercus*　　**英文名：** Black Drongo

刘显贵 / 摄

宋会强 / 摄

宋会强 / 摄

生物学特性： 夏候鸟，体长约 30 厘米。全身黑色，具蓝灰色的金属光泽，尾羽很长，最外侧尾羽向外卷曲。栖息于开阔的丘陵、平原及乡村附近，性情凶猛，会攻击猛禽，常站立在枝头或电线上。主要以甲虫、蜻蜓、蝉等昆虫为食。

分布： 在我国华北及南方各地区广泛分布，在密云常见于农田和林缘。

雀形目 卷尾科

灰卷尾

拼音：huī juǎn wěi　　**学名**：*Dicrurus leucophaeus*　　**英文名**：Ashy Drongo

宋会强 / 摄

崔仕林 / 摄

宋会强 / 摄

生物学特性：夏候鸟，体长约 28 厘米。全身灰白色，脸颊白色，喙显得很强劲，尾羽长，具有深开叉。鸣声清晰嘹亮，有时发出"喵喵"的哨声，会模仿其他鸟的叫声。喜欢站在显眼的枝头，跃起飞行或俯冲捕捉猎物，飞行时可以翻腾，有时作波浪状飞行。主要以蚂蚁、蜂、牛虻等昆虫为食，偶尔也吃杂草种子。

分布：在我国主要分布于华北和南方地区，在密云偶见于森林边缘。

雀形目 卷尾科

发冠卷尾　北京市重点保护野生动物

拼音：fā guān juǎn wěi　　学名：*Dicrurus hottentottus*　　英文名：Hair-crested Drongo

宋会强 / 摄

宋会强 / 摄

贺建华 / 摄

生物学特性：夏候鸟，体长约 32 厘米。通体黑色，具蓝紫色金属光泽，前额上长有丝状羽毛形成的冠羽，迎风飘动时非常显眼；尾羽为深凹形，最外侧一对尾羽向上方卷曲后，又朝内弯曲。叫声悦耳圆润，但也时常发出粗粝的嘶哑声音。喜欢栖居在森林开阔处，晨昏时常聚在一起鸣唱并在空中捕捉昆虫。繁殖期有很强的领域行为，性情凶猛，能驱赶红隼、雀鹰等猛禽。主要以金龟子、蝗虫、蚱蜢等昆虫为食，偶尔也吃少量植物果实、种子等。

分布：在我国主要分布于华北和南方地区，在密云常见于开阔的阔叶林。

雀形目 王鹟科

寿带

北京市重点保护野生动物

拼音：shòu dài　　学名：*Terpsiphone incei*　　英文名：Chinese Paradise Flycatcher

宋会强 / 摄

（雌鸟）贺建华 / 摄

小关 / 摄

生物学特性：夏候鸟或旅鸟，体长约 22 厘米。雄鸟的两根中央尾羽特别长，像两条丝带，而雌鸟尾羽较短。雄鸟有栗色和白色两种色型。栗色型头部蓝黑色，具金属光泽，背部、翼及尾栗红色，腹部白色；白色型雄鸟头部同栗色型，身体其余部位白色。喜欢在林中捕食昆虫，有时与其他鸟类混群。主要以甲虫类昆虫为食。

分布：在我国主要分布于华北及南方地区，在密云常见于近水林地。

雀形目 伯劳科

牛头伯劳

拼音：niú tóu bó láo　　**学名**：*Lanius bucephalus*　　**英文名**：Bull-headed Shrike

小康 / 摄

生物学特性：夏候鸟或旅鸟，体长约19厘米。体色以棕色和灰色为主。头顶棕色，显得很大，背部灰色，飞行时可见明显的白色翅斑。雄鸟具明显的黑色贯眼纹，胸腹部偏白色而略具黑色横斑。雌鸟贯眼纹棕褐色，胸腹部具细密横纹。鸣唱快速多变，常模仿其他鸟叫，似苇莺。通常单独或成对活动，性情凶猛，觅食时常站在高处观察，发现猎物后猛扑。主要以蝇类、蝗虫等昆虫为食。

分布：在我国主要分布于东北、华北及中东部地区，在密云偶见于农田和开阔田野。

雀形目 伯劳科

红尾伯劳

北京市重点保护野生动物

拼音：hóng wěi bó láo　　学名：*Lanius cristatus*　　英文名：Brown Shrike

宋会强 / 摄

宋会强 / 摄

宋会强 / 摄

生物学特性： 夏候鸟或旅鸟，体长约20厘米。雄鸟头顶、后颈和背部棕褐色，具显著的黑色贯眼纹，尾羽红褐色，两翼黑褐色，喉部白色，胸腹部皮黄色。雌鸟与雄鸟相似，但胸部和两胁具有黑色鱼鳞状细纹。叫声为粗哑的"嘎、嘎、嘎"声，雄鸟会模仿多种鸟叫。喜欢栖息于开阔耕地和稀疏的人工林，停栖时尾羽有画圈的动作。主要以蝗虫、步甲、叩头虫等昆虫为食，偶尔吃少量草籽。

分布： 在我国主要分布于除新疆、西藏外的地区，在密云常见于灌丛、电线及小树上。

雀形目　伯劳科

棕背伯劳

拼音: zōng bèi bó láo　　**学名:** *Lanius schach*　　**英文名:** Long-tailed Shrike

宋会强 / 摄

董柏 / 摄

杜卿 / 摄

生物学特性: 冬候鸟或旅鸟,体长约 25 厘米。全身主要为棕色、黑色及白色,头顶灰色,黑色贯眼纹很宽,两翼黑色,具白色翅斑,背、腰及体侧红褐色。鸣声多样,能模仿多种鸟类的鸣唱。领域性强,常单独活动,常站在开阔的高处观察,停栖时尾羽有画圈动作。肉食性鸟类,主要以金龟子、椿象、蝗虫等昆虫为食。

分布: 在我国主要分布于华中至华南地区,在密云偶见于开阔林地。

雀形目 伯劳科

灰伯劳

北京市重点保护野生动物

拼音： huī bó láo **学名：** *Lanius borealis* **英文名：** Northern Shrike

黄铭俊 / 摄

生物学特性： 冬候鸟或旅鸟，体长约 24 厘米。全身以灰色、黑色及白色为主，黑色贯眼纹较宽，两翼黑色，具明显的白色翅斑，尾羽黑色而边缘白色，胸腹部近白色，有暗褐色的鱼鳞纹。常栖息于突出的树枝或电线上，飞到地面捕食，有时能停在空中振翅，具有把猎物钉在树枝上的行为。主要吃小型兽类、鸟类、蜥蜴，还有各种昆虫以及其他活物。

分布： 在我国主要分布于西北及华北地区，在密云偶见于开阔林地。

雀形目 伯劳科

楔尾伯劳　北京市重点保护野生动物

拼音：xiè wěi bó láo　　**学名**：*Lanius sphenocercus*　　**英文名**：Chinese Gray Shrike

宋会强 / 摄

宋会强 / 摄

宋会强 / 摄

生物学特性：冬候鸟或旅鸟，体长约31厘米。身体以灰色为主，具显著的黑色贯眼纹。两翼黑色，具大块白色翅斑。偶尔发出粗哑的叫声。喜欢活动于林木稀疏的开阔地，性情凶猛，常在高处观察周围情况，亦可在空中悬停，发现猎物后快速飞扑。主要以昆虫为食，也吃蜥蜴、蛙、小鸟和啮齿动物等小型脊椎动物。

分布：主要分布于我国北方及华东地区，在密云常见于枝头、电线或灌丛顶端。

雀形目 伯劳科

虎纹伯劳

北京市重点保护野生动物

拼音：hǔ wén bó láo　　学名：*Lanius tigrinus*　　英文名：Tiger Shrike

李爱宏 / 摄

李爱宏 / 摄

王大勇 / 摄

生物学特性：夏候鸟或旅鸟，体长约 19 厘米。雄鸟的头顶及后颈灰色，贯眼纹黑色且宽；背部、两翼及尾为较深的栗红色，具黑色横纹。雌鸟与雄鸟相似，胸腹部具横纹。鸣声为一连串粗哑的"吱吱"声。通常单独或成对活动，喜欢藏身在林中，潜伏观察猎物。主要以金龟子、步行虫等昆虫为食，也猎食蜥蜴、小鸟等小型脊椎动物。

分布：在我国主要分布于华中、华东及西南地区，在密云偶见于林缘。

雀形目 鸦科

松鸦

拼音：sōng yā　　学名：*Garrulus glandarius*　　英文名：Eurasian Jay

王雪涛 / 摄

廉士杰 / 摄

崔仕林 / 摄

生物学特性： 留鸟，体长约 32 厘米。头部栗红色，喙后有明显的黑色颊纹；背部淡褐色，翼黑色，外缘具黑、白、蓝三色相间的横斑，十分醒目；腰白色，飞行时非常明显。鸣声粗哑单调，十分喧闹，具有较强的效鸣能力，能发出类似猫叫的声音。喜活动于山地森林中，秋、冬季节常集成小群活动，短距离飞行时路线呈波浪状。食性随季节和环境而变化，春夏季吃金龟子、天牛等昆虫，也吃蜘蛛、鸟卵等其他动物；秋冬季则吃松子、橡子、浆果等植物种子和果实。

分布： 在我国主要分布于东北、华北及东南地区，在密云常见于靠近山区的森林中。

雀形目 鸦科

灰喜鹊

拼音： huī xǐ què　　**学名：** *Cyanopica cyanus*　　**英文名：** Azure-winged Magpie

董柏 / 摄

廉士杰 / 摄

石郁勤 / 摄

贺建华 / 摄

生物学特性： 留鸟，体长约35厘米。头黑色，泛蓝色金属光泽，背部和腹部灰褐色，两翼及尾青蓝色，尾长，中央尾羽末端白色。鸣声为干涩的"嘎嘎"声，单调而喧闹。喜欢栖息于低山田野及村庄、城市公园等地的树林中，常集群活动。主要以金龟子、金针虫、椿象等昆虫为食，也吃植物果实、种子等植物性食物。

分布： 在我国分布于华北、华中及华东的多数地区，在密云常见于各种环境中。

雀形目 鸦科

红嘴蓝鹊　　北京市重点保护野生动物

拼音：hóng zuǐ lán què　　**学名**：*Urocissa erythroryncha*　　**英文名**：Red-billed Blue Magpie

幸福和谐 / 摄

李爱宏 / 摄

贺建华 / 摄

生物学特性：留鸟，体长约 68 厘米。头黑色，而喙为鲜艳的红色，非常显眼；两根灰蓝色的中央尾羽很长，末端白色，飞行时格外飘逸。常发出粗哑刺耳的叫声，鸣唱比较婉转。喜欢集小群活动，性情凶猛，会围攻猛禽。主要吃昆虫等动物性食物，如叩头虫、金龟子、蝗虫等，也吃蜘蛛、蜗牛、蜥蜴等小型无脊椎和脊椎动物，偶尔吃灌木果实、小麦、玉米等植物性食物。

分布：在我国主要分布于华北、华中及华东等地区，在密云常见于森林、草地和近水的疏林地。

雀形目 鸦科

喜鹊

拼音：xǐ què　　**学名**：*Pica serica*　　**英文名**：Oriental Magpie

贺建华 / 摄

李爱宏 / 摄

宋会强 / 摄

生物学特性：留鸟，体长约45厘米。全身黑白相间，极易辨认。叫声为响亮粗哑的"嘎嘎"声。特别适应于人类生活的环境，喜欢在平原、山区、村庄及城市绿地附近集小群活动。食物组成随季节和环境而变化，夏季主要吃蝗虫、蚱蜢等昆虫；其他季节则主要以植物果实和种子为食，包括玉米、高粱等农作物。在高大树木或电线桩上营巢。

分布：在我国主要分布于东部地区，在密云常见于农田、村庄。

雀形目　鸦科

星鸦

拼音：xīng yā　　学名：*Nucifraga caryocatactes*　　英文名：Spotted Nutcracker

张德怀 / 摄

马志红 / 摄

杜卿 / 摄

生物学特性：留鸟，体长约 33 厘米。深褐色而密布白色点斑，如同璀璨的星空，喙如凿子，强直有力。整个体型看上去很壮实。鸣声粗短而嘶哑。单独或成对活动，偶尔集小群，飞行起伏而有节律。主要以红松、云杉和落叶松等针叶树种子为食，也吃浆果、昆虫等。

分布：主要分布于我国东北、华北和西南地区，在密云常见于高海拔林地中。

雀形目 鸦科

红嘴山鸦

拼音：hóng zuǐ shān yā **学名**：*Pyrrhocorax pyrrhocorax* **英文名**：Red-billed Chough

宋会强 / 摄

生物学特性：留鸟，体长约 45 厘米。全身黑色，有金属光泽，鲜红色的喙短而下弯，脚红色。鸣声为尖锐且声调较高的"啾啾"声，与一般鸦类不同。常集群活动，飞行敏捷，滑翔时翼指张开。主要以金针虫、天牛、金龟子、蝗虫等昆虫为食，也吃果实、种子、嫩芽等植物性食物。

分布：在我国主要分布于华北、西南及西北地区，在密云常见于多石的山地。

雀形目 鸦科

达乌里寒鸦

拼音：dá wū lǐ hán yā　　**学名**：*Corvus dauuricus*　　**英文名**：Daurian Jackdaw

宋会强 / 摄

董柏 / 摄

生物学特性：冬候鸟或旅鸟，体长约32厘米。具有明显的白色颈环，与腹部的白色斑块连在一起，其余部位黑色。鸣声为尖细短促的"嘎嘎"声，比其他鸦类声调更高。冬季集大群，喜欢在地面翻找食物，常在农田觅食。主要以蝼蛄、甲虫、金龟子等昆虫为食，也吃鸟卵、雏鸟、腐肉、植物果实等。

分布：在我国广泛分布，在密云常见于开阔林地和农田周边。

雀形目 鸦科

秃鼻乌鸦

拼音： tū bí wū yā　　**学名：** *Corvus frugilegus*　　**英文名：** Rook

贺建华 / 摄

张德怀 / 摄

杜卿 / 摄

生物学特性： 留鸟，体长约47厘米。全身黑色，喙基部裸露的皮肤为灰白色。飞行时两翼狭长，翼指明显。鸣声为多种令人生畏的声响组合，包括"咯咯"声、"啊啊"声及怪异的"咔哒"声等，伴以头部的前后伸缩动作。非常喜欢群居，取食于田野及草地，常跟随家养动物。主要以蝗虫、金龟子等昆虫为食，也吃植物果实、种子和农作物，有时甚至吃动物尸体和垃圾。

分布： 在我国主要分布于东北、华北至华南等地区，在密云常见于高大树林。

雀形目 鸦科

小嘴乌鸦

拼音：xiǎo zuǐ wū yā　　学名：*Corvus corone*　　英文名：Carrion Crow

宋会强 / 摄

宋会强 / 摄

宋会强 / 摄

生物学特性： 留鸟或冬候鸟，体长约50厘米。全身黑色并具金属光泽，喙与前额之间较平滑，不成直角。鸣声为典型的"哇、哇"声，但较为圆润。常活动于平原及村落附近，冬季常集大群夜栖于城市中，喜欢在开阔草地及农耕地取食。杂食性鸟类，主要以蝗虫、蝼蛄等昆虫和植物果实与种子为食，也吃蛙、蜥蜴、鱼、小型鼠类和农作物等。

分布： 在我国广泛分布于北方地区，在密云常见于滩涂、农田、林地等各种生境。

雀形目 鸦科

大嘴乌鸦

拼音：dà zuǐ wū yā　　**学名**：*Corvus macrorhynchos*　　**英文名**：Large-billed Crow

石郁勤／摄

张德怀／摄

宋会强／摄

生物学特性：留鸟，体长约50厘米。全身羽毛黑色并具金属光泽，喙粗大，喙基与额头几乎成直角。叫声为粗哑的"啊啊"声。通常集大群活动，常在地面觅食，会驱赶、攻击猛禽。杂食性鸟类，主要以蝗虫、金龟子、金针虫、蝼蛄等昆虫为食，也吃雏鸟、腐肉、植物叶、芽、果实和农作物种子等。

分布：在我国分布于除西北外的大部分地区，在密云常见于村庄周围。

煤山雀

北京市重点保护野生动物

拼音：méi shān què　　学名：*Periparus ater*　　英文名：Coal Tit

王大勇 / 摄

宋会强 / 摄

宋会强 / 摄

王大勇 / 摄

生物学特性：留鸟，体长约 11 厘米。头顶、喉部和胸部黑色，具短的冠羽，脸颊具白色斑块，枕部中央也为白色。具两道白色翅斑，尾羽黑褐色，腹部白色。鸣声为轻柔重复的连续音节。喜欢在树叶或树枝间跳跃觅食，多集小群活动。主要以金花虫、甲虫、金龟子等昆虫为食，也吃蜘蛛等小型无脊椎动物及少量植物果实和种子。

分布：在我国主要分布于华北、西南及中部地区，密云常见于针叶林或针阔混交林，冬季迁至平原地带的树林和果园。

雀形目 山雀科

黄腹山雀
北京市重点保护野生动物

拼音：huáng fù shān què　　学名：*Pardaliparus venustulus*　　英文名：Yellow-bellied Tit

宋会强 / 摄

（雌）宋会强 / 摄

廉士杰 / 摄

生物学特性：夏候鸟或旅鸟，体长约 10 厘米。雄鸟的头部、喉部和胸部黑色，背部蓝灰色，腹部亮黄色；尾羽较短，尾上覆羽黑色。雌鸟头部和背部灰绿色，胸腹部橄榄绿色，金属色泽突出。鸣声为多样的单音或双音。非繁殖期喜欢集大群活动，在树枝间穿梭觅食。

分布：在我国除西北地区外广泛分布，在密云常见于各类林地中。

雀形目 山雀科

沼泽山雀

拼音： zhǎo zé shān què　　**学名：** *Poecile palustris*　　**英文名：** Marsh Tit

宋会强 / 摄

宋会强 / 摄

李爱宏 / 摄

生物学特性： 留鸟，体长约 11 厘米。头顶至后枕灰黑色，喉部具黑色斑块，两颊至喉部白色；背部、两翼及尾羽褐色，腹部白色，两胁略带棕色。鸣声为轻柔的重复哨音。喜欢在栎树林及其他落叶林、密丛、树篱、河边林地及果园活动，常集小群。主要以松毛虫、落叶松鞘蛾、象甲等昆虫为食，偶尔也吃蜘蛛等无脊椎动物和植物果实、种子等。

分布： 在我国主要分布于东北、华北地区，在密云常见于林地。

雀形目 山雀科

褐头山雀

拼音： hè tóu shān què **学名：** *Poecile montanus* **英文名：** Willow Tit

张德怀 / 摄

张德怀 / 摄

杜卿 / 摄

生物学特性： 留鸟，体长约11厘米。头顶棕褐色，喙基部至脸颊、颈侧均为白色，喉部有黑褐色斑块，背部褐灰色，腹部近白色，两胁皮黄色，无翅斑。鸣声粗哑，似"吱吱喝"，也有平稳单调的哨音。喜欢集小群活动于树冠层下部，也与其他山雀混群。主要以天牛、金花虫等昆虫为食，也吃云杉、冷杉、落叶松等树木种子。

分布： 在我国主要分布于东部、华北等地区，在密云常见于针叶林和针阔混交林。

雀形目 山雀科

大山雀

拼音：dà shān què **学名**：*Parus minor* **英文名**：Japanese Tit

廉士杰 / 摄

丛宝森 / 摄

李爱宏 / 摄

生物学特性：留鸟，体长约 14 厘米。头及喉灰黑色，与脸侧的白斑及后颈斑块形成明显对比，背部蓝灰色，带少许橄榄绿色，具一道白色翅斑，胸腹部中央有显著的黑色纵纹。喜欢鸣叫，声音欢快清脆。性格活泼，单独或集小群活动，喜欢在树林和灌木间跳跃，雄鸟常立于树顶鸣唱。主要以金花虫、金龟子、毒蛾幼虫等昆虫为食，也吃少量蜘蛛、蜗牛、草籽、花等食物。

分布：我国广泛分布，在密云常见于开阔林地。

雀形目 攀雀科

中华攀雀

拼音： zhōng huá pān què　　**学名：** *Remiz consobrinus*　　**英文名：** Chinese Penduline Tit

（雌）杜卿／摄

（雌）李国申／摄

杜卿／摄

生物学特性： 夏候鸟或旅鸟，体长约11厘米。雄鸟头至后颈灰色，有一明显的贯眼纹，身体以棕褐色为主，背棕色，翼及尾暗褐色，腹部皮黄色。雌鸟全身棕褐色，头至后颈灰褐色，贯眼纹褐色。鸣声为连续哨音。喜倒悬在树枝上翻跃觅食，常在近水域的阔叶树上营造囊袋状的巢，悬挂在树枝上，十分特殊。主要以杨扇舟蛾、黄刺蛾、杨卷叶蛾等昆虫为食，冬季多吃杂草种子、浆果和植物嫩芽等。

分布： 在我国主要分布于中东部至西南地区，在密云常见于近水的芦苇丛和阔叶林。

雀形目 百灵科

蒙古百灵   国家二级重点保护野生动物

拼音：méng gǔ bǎi líng　学名：*Melanocorypha mongolica*　英文名：Mongolian Lark

董柏 / 摄

董柏 / 摄

徐赵东 / 摄

生物学特性： 旅鸟或冬候鸟，体长约18厘米。头顶黄褐色，边缘栗色，眉纹白色并向后延长。胸前有黑色斑块，如同一块黑色领巾，胸腹部白色，翅上有明显白斑。鸣声婉转悦耳，富有变化。越冬时喜欢集群。主要以杂草草籽和其他植物种子为食，也吃昆虫和其他小型无脊椎动物。

分布： 在我国主要分布于北方地区，在密云见于村庄周边。

雀形目 百灵科

大短趾百灵

拼音：dà duǎn zhǐ bǎi líng　　**学名**：*Calandrella brachydactyla*　　**英文名**：Greater Short-toed Lark

娄方洲 / 摄

娄方洲 / 摄

娄方洲 / 摄

生物学特性：旅鸟或冬候鸟，体长约 13 厘米。以棕褐色为主，具很多黑褐色小斑块，没有冠羽；眉纹白色，颈侧有黑色斑块，背部的棕色较浅。飞行时叫声似麻雀或云雀，盘旋时喜欢突然重复鸣唱。常在地面行走，站姿挺直，炫耀高飞时直冲入云，边飞边鸣唱。主要以地面的昆虫和草籽为食。

分布：在我国主要分布于西北、东北地区，在密云见于干旱草地。

雀形目 百灵科

短趾百灵

拼音： duǎn zhǐ bǎi líng　　**学名：** *Alaudala cheleensis*　　**英文名：** Asian Short-toed Lark

杜卿 / 摄

宋会强 / 摄

生物学特性： 旅鸟、夏候鸟或冬候鸟，体长约 14 厘米。全身以沙色和白色为主，眉纹白色，腰部和背部有黑色纵纹，腹部皮黄色，胸部有散布得较开的深色细小纵纹。经常在盘旋时俯冲，同时发出多变而悦耳的鸣声。在地面奔走迅速，看起来跑跑跳跳，有时突然垂直起飞。主要以甲虫、象鼻虫、蚊子等昆虫为食。

分布： 在我国主要分布于北方地区，在密云见于农耕地。

雀形目 百灵科

凤头百灵 北京市重点保护野生动物

拼音：fèng tóu bǎi líng　　学名：*Galerida cristata*　　英文名：Crested Lark

李国申 / 摄

袁森林 / 摄

宋会强 / 摄

生物学特性：留鸟，体长约 18 厘米。具有长而尖的冠羽，喙长而下弯，背部沙褐色，带有黑褐色纵纹，胸部密布浅黑色纵纹。鸣唱多为四至六音节，甜美而婉转，升空时常发出不断重复且夹杂着颤音的鸣唱。大多成群活动，善于在地面奔跑。杂食性鸟类，主要以甲虫类昆虫和杂草、麦苗、大豆、玉米等植物为食。
分布：在我国主要分布于西北、华北、华中地区，在密云常见于农耕地。

雀形目 百灵科

云雀

国家二级重点保护野生动物

拼音：yún què　　学名：*Alauda arvensis*　　英文名：Eurasian Skylark

贺建华／摄

贺建华／摄

宋会强／摄

生物学特性：旅鸟或冬候鸟，体长约18厘米。头背部和胸部为土褐色，密布明显的黑色纵纹；眉纹白色，两颊栗棕色。头顶具有短的冠羽，受惊吓时常竖起，经常在高空一边振翅飞行一边鸣唱，发出持续成串的颤音。善于奔跑，主要在地面活动。具有独特的炫耀飞行，常突然从地面边叫边直冲天空，飞至一定高度后悬停，然后再向更高处蹿飞。以草籽、稗子、谷子等植物为食，也吃甲虫、蛾类幼虫等昆虫。

分布：在我国主要分布于东北、华北、华中等地区，在密云常见于近水草地、开阔草地、耕地等。

雀形目 百灵科

角百灵

北京市重点保护野生动物

拼音：jiǎo bǎi líng　　学名：*Eremophila alpestris*　　英文名：Horned Lark

（雌）杜卿 / 摄

贺建华 / 摄

贺建华 / 摄

生物学特性： 冬候鸟或旅鸟，体长约 16 厘米。头部的图案很别致，具有黑色和黄色相间的条纹，具粗显的黑色胸带，头顶两侧条纹后延成特征性小角；背部暗褐色，胸腹部白色，两胁有些褐色纵纹。飞行时发出的鸣声为简单的高音嘶声。喜欢集大群活动，善于在地面短距离奔跑。主要以草籽等植物性食物为食，也吃昆虫等动物性食物。

分布： 在我国主要分布于西北、华中、华北地区，在密云见于农田。

雀形目 文须雀科

文须雀

拼音：wén xū què　学名：*Panurus biarmicus*　英文名：Bearded Reedling

廉士杰 / 摄

（雌）廉士杰 / 摄

石郁勤 / 摄

生物学特性： 冬候鸟，体长约 17 厘米。雄鸟的头灰色，身上以黄褐色为主，脸部具明显的锥形黑色髭纹，尾羽很长，翅上具黑白色斑纹。雌鸟的头部黄褐色，没有髭纹。鸣声清脆而欢快。性格活泼，喜欢群居，经常攀缘在芦苇上，来回跳动，飞行时振翅较快。主要以昆虫、蜘蛛、芦苇种子和草籽等为食。

分布： 在我国主要分布于北方地区，在密云常见于芦苇丛。

雀形目 扇尾莺科

棕扇尾莺

拼音：zōng shàn wěi yīng　　**学名**：*Cisticola juncidis*　　**英文名**：Zitting Cisticola

宋会强 / 摄

宋会强 / 摄

贺建华 / 摄

宋会强 / 摄

生物学特性：夏候鸟，体长约10厘米，具深色纵纹的苇莺。具米色的眉纹，背部棕褐色，具显著的黑色纵纹，胸腹部灰白色，胁部为淡棕黄色，腰部和尾上覆羽栗色。性情活泼，经常在草丛中穿行，繁殖期雄鸟在领域内具特有的炫耀飞行，在空中尾呈扇形散开，并上下摆动，同时发出尖锐而连续的鸣声。主要以昆虫为食，也吃蜘蛛等其他小型无脊椎动物和杂草种子。

分布：在我国主要分布于华北、华中至华南地区，在密云常见于开阔田野、草地、灌丛等生境。

雀形目 苇莺科

东方大苇莺　北京市重点保护野生动物

拼音：dōng fāng dà wěi yīng　**学名：**_Acrocephalus orientalis_　**英文名：**Oriental Reed Warbler

宋会强 / 摄

贺建华 / 摄

宋会强 / 摄

石郁勤 / 摄

生物学特性：夏候鸟，体长约 19 厘米的褐色苇莺。头部和背部橄榄褐色，停栖时冠羽会耸立起来。有黑褐色的贯眼纹，喙显得比较粗大，喉及胸部黄白色，腰和尾上覆羽淡褐色。雄鸟在繁殖期常站在芦苇上高声鸣唱，非常吵闹，声音粗粝而嘶哑。会将多根芦苇秆连接在一起以营巢。主要以甲虫、蚱蜢等昆虫为食，也吃少量蜘蛛、蛞蝓等小型无脊椎动物。

分布：在我国主要分布于东北、华北至华东地区，在密云常见于湿地附近的芦苇沼泽。

雀形目 苇莺科

黑眉苇莺   北京市重点保护野生动物

拼音：hēi méi wěi yīng　学名：*Acrocephalus bistrigiceps*　英文名：Black-browned Reed Warbler

廉士杰 / 摄

宋会强 / 摄

宋会强 / 摄

生物学特性：旅鸟，体长约 13 厘米的褐色苇莺。头顶和背部橄榄褐色，眉纹米白色，有明显的黑色侧冠纹，贯眼纹淡黑褐色；喉部至胸腹部白色，两胁呈深棕色。鸣唱为不断重复的急促短句，也会模仿其他鸣禽的叫声。常站在小灌木或蒿草顶端鸣唱，能在芦苇间攀缘或跳跃穿梭。主要以鞘翅目、直翅目、鳞翅目的昆虫为食，也吃蜘蛛等其他小型无脊椎动物。

分布：在我国主要分布于东北、华北、华中至华东等地区，在密云常见于湿地附近的灌丛和芦苇丛中。

雀形目 苇莺科

远东苇莺

拼音： yuǎn dōng wěi yīng　　**学名：** *Acrocephalus tangorum*　　**英文名：** Manchurian Reed Warbler

杜卿 / 摄

王大勇 / 摄

王大勇 / 摄

生物学特性： 旅鸟，体长约14厘米。全身以灰褐色为主，有深色的贯眼纹、侧冠纹和宽白的眉纹，喙比较粗厚，喉部发白，胸腹部沾棕，尾羽较长。鸣唱尖锐而复杂多变，鸣叫为单调的尖叫。行动敏捷，喜欢快速摆动和上扬尾部。主要以昆虫为食。

分布： 在我国主要分布于华北、华东等地区，在密云见于芦苇丛中。

雀形目 苇莺科

厚嘴苇莺

拼音： hòu zuǐ wěi yīng   **学名：** *Arundinax aedon*   **英文名：** Thick-billed Warbler

贺建华 / 摄

宋会强 / 摄

宋会强 / 摄

生物学特性： 夏候鸟或旅鸟，体长约 20 厘米。全身几乎都为橄榄褐色，没有纵纹，喙粗短，脸颊和喉部颜色稍浅，尾长而凸。鸣声响亮而饱满，以清脆的两音节开始，展开成悦耳的哨音短句，会模仿其他鸟的鸣声。繁殖期雄鸟常在巢附近灌木顶上鸣唱，善于隐蔽，动作敏捷。主要以鳞翅目、甲虫等昆虫为食，也吃蜘蛛、蛞蝓等其他小型无脊椎动物。

分布： 在我国主要分布于东部地区，在密云常见于灌丛。

雀形目 蝗莺科

北短翅蝗莺

拼音：běi duǎn chì huáng yīng　　**学名**：*Locustella davidi*　　**英文名**：Baikal Bush Warbler

娄方洲 / 摄

娄方洲 / 摄

娄方洲 / 摄

生物学特性：旅鸟，体长约16厘米。全身几乎都为橄榄褐色，喉部和眉纹白色，繁殖期胸前有明显的黑褐色斑块，延伸至喉部。非繁殖期斑块颜色很浅，腹部近白色。鸣唱为一串拉长的颤音，似电流声。经常在茂密的灌丛中活动，非常隐蔽，移动位置时非常安静。主要以各种昆虫为食。

分布：在我国主要分布于东北、华北至西南地区，在密云较常见于次生林灌丛。

雀形目 蝗莺科

矛斑蝗莺

拼音： máo bān huáng yīng **学名：** *Locustella lanceolata* **英文名：** Lanceolated Warbler

廉士杰 / 摄

张小玲 / 摄

黄广生 / 摄

宋会强 / 摄

生物学特性： 旅鸟，体长约 12 厘米。有皮黄色眉纹，体羽颜色较深；全身密布黑褐色纵纹和斑点，腰背部橄榄褐色，胸腹部白色，略带赭黄色。鸣声为快速重复的颤鸣，特别像虫鸣。行踪比较隐蔽，在地面蹿行时十分迅速。主要以蝗虫、鞘翅目和鳞翅目等昆虫为食，也吃其他小型无脊椎动物。

分布： 在我国主要分布于东部地区，在密云见于湿地附近的灌丛。

雀形目 蝗莺科

小蝗莺

拼音：xiǎo huáng yīng　　学名：*Helopsaltes certhiola*　　英文名：Pallas's Grasshopper Warbler

王大勇 / 摄

宋会强 / 摄

宋会强 / 摄

生物学特性： 旅鸟，体长约15厘米。贯眼纹皮黄色，背部褐色或红棕色，头背部有褐色纵纹，胸腹部近白色，两翼及尾红褐色或橄榄褐色，尾羽端部有白色斑块。繁殖期常站在草茎上，发出如同虫鸣的声音。喜欢在茂密的灌丛或地面觅食。主要以昆虫为食，偶尔也吃少量植物性食物。

分布： 在我国主要分布于东北、华北、东南等部分地区，在密云见于芦苇地。

雀形目 蝗莺科

中华短翅蝗莺

拼音：zhōng huá duǎn chì huáng yīng　　**学名**：*Locustella tacsanowskia*　　**英文名**：Chinese Bush Warbler

娄方洲 / 摄　　　　　　　　　　　　　　　　宋会强 / 摄

生物学特性：旅鸟，体长约 14 厘米。头背部几乎都为褐色，贯眼纹黑色，白色眉纹细长，尾略长，末端略呈凸出状。胸腹部从白色逐渐过渡到黄色，喉部有模糊的褐色斑点。鸣唱粗哑，鸣叫比较清脆。较胆怯，喜欢在隐蔽的灌丛中活动。主要以各种昆虫为食。

分布：在我国主要分布于东北至西南地区，在密云见于山地灌丛。

雀形目 燕科

崖沙燕

拼音：yá shā yàn **学名**：*Riparia riparia* **英文名**：Sand Martin

王大勇 / 摄

杜卿 / 摄

杜卿 / 摄

生物学特性：旅鸟或夏候鸟，体长约 12 厘米。背部灰褐色，喉部白色并延伸至脸颊，胸腹部白色，胸部具有一条明显的褐色胸带。鸣声沙哑且吵闹。常成群在水面上空飞翔捕食昆虫，也喜欢停栖于突出树枝。专门捕食空中飞行的昆虫，如蚊子、蝇、叶蝉等。

分布：在我国分布于东部、华北至华南地区，在密云见于湿地附近的土崖或石壁。

雀形目 燕科

家燕

北京市重点保护野生动物

拼音：jiā yàn　　学名：*Hirundo rustica*　　英文名：Barn Swallow

宋会强 / 摄

贺建华 / 摄

石郁勤 / 摄

生物学特性：夏候鸟或旅鸟，体长约 20 厘米。头背部黑色，具灰蓝色金属光泽，额部、喉部和上胸部栗色，具一道蓝色胸带，腹部灰白色，尾甚长，为深凹形。鸣声为高频的"滋滋"声。喜伴人生活，通常将巢筑在房檐下，在高空飞行捕食，动作敏捷。主要以蚊子、蝇、蛾、象甲、蜻蜓等昆虫为食。家燕是我国喜闻乐见的鸟类。
分布：分布于全国各地，在密云常见于城镇和乡村，在湿地附近也比较常见。

雀形目 燕科

岩燕

拼音： yán yàn　**学名：** *Ptyonoprogne rupestris*　**英文名：** Eurasian Crag Martin

杜卿 / 摄

宋会强 / 摄

郝建国 / 摄

生物学特性： 夏候鸟或留鸟，体长约15厘米。体羽主要为深褐色，喉、胸部为灰白色，尾近方形，有显眼的白色点斑。鸣声短促细弱，常边飞边叫。常单独或集小群活动，喜欢在水面上飞行觅食，天气不好时会蛰伏在岩石缝隙中。主要以蚊、蝇、虻、叶蝉等飞行性昆虫为食。

分布： 在我国主要分布于华北至西南地区，在密云见于水库、河流附近的开阔地。

雀形目 燕科

毛脚燕

拼音：máo jiǎo yàn　　学名：*Delichon urbicum*　　英文名：Common House Martin

杜卿 / 摄

杜卿 / 摄

贺建华 / 摄

生物学特性： 旅鸟，体长约13厘米。头背部深蓝色，胸腹部纯白色，两翼及尾黑色，尾叉特别深。鸣声为轻柔的"叽叽"声。喜集群繁殖，在悬崖营巢，取食时飞行高度较高。主要以蚊、蝇、蜻象、甲虫等昆虫为食。
分布： 在我国主要分布于西北、东北部分地区，在密云见于村镇周边。

雀形目 燕科

烟腹毛脚燕

拼音：yān fù máo jiǎo yàn **学名**：*Delichon dasypus* **英文名**：Asian House Martin

王大勇 / 摄

宋会强 / 摄

王大勇 / 摄

生物学特性：夏候鸟或旅鸟，体长约13厘米。头背部深蓝色，脸颊白色，与白色喉部相连，腹部烟灰色或灰白色，尾羽末端具浅的分叉。常边飞边叫，富有颤音。单独或集小群活动，降雨前会集大群，比其他燕更喜欢长时间在空中飞行，多见其于高空翱翔，飞行路径不规则且速度快。主要以膜翅目、鞘翅目、半翅目等飞行性昆虫为食。
分布：在我国主要分布于华北至华南、西南地区，在密云见于空旷的山谷。

雀形目 燕科

金腰燕　北京市重点保护野生动物

拼音：jīn yāo yàn　　学名：*Cecropis daurica*　　英文名：Red-rumped Swallow

王志义 / 摄

石郁勤 / 摄

宋会强 / 摄

生物学特性： 夏候鸟或旅鸟，体长约18厘米。头顶、背部和两翼黑色，具有灰蓝色光泽，颊部棕色，腰部栗红色，腹部密布黑色细纵纹，尾羽很长，为深凹形。飞行时常发出"滋滋"声。喜伴人而居，筑的巢比家燕更为精巧。主要以蚊、虻、蝇、胡蜂等飞行性昆虫为食。

分布： 在我国主要分布于东北、华北、华中和南方地区，在密云常见于城镇、农田和河流开阔的区域。

雀形目 鹎科

白头鹎

拼音：bái tóu bēi　　学名：*Pycnonotus sinensis*　　英文名：Light-vented Bulbul

廉士杰 / 摄

张德怀 / 摄

张小玲 / 摄

生物学特性： 留鸟，体长约19厘米的橄榄色鹎。头顶黑褐色，指名亚种的眼后有一条白色宽纹，伸至脑后，胸部缀以不明显的褐色横带。腹部灰白色，背部、两翼和尾羽橄榄褐色。鸣唱变化多样，音色比较圆润，具有一定的韵律感。活泼喧闹，常集小群活动，性胆大而不惧人。杂食性鸟类，主要以金龟子、步行虫、金花甲、象鼻虫等动物性食物及野山楂、野蔷薇、桑葚等植物性食物为食。

分布： 在我国原来主要分布于南方地区，近年来向华北、东北和西北地区快速扩散，在密云常见于城镇、乡村和林缘、耕地等。

雀形目 鹎科

领雀嘴鹎

拼音: lǐng què zuǐ bēi　　**学名:** *Spizixos semitorques*　　**英文名:** Collared Finchbill

宋会强 / 摄

宋会强 / 摄

宋会强 / 摄

高淑俊 / 摄

生物学特性： 旅鸟、夏候鸟或留鸟，体长约23厘米。头黑色，喙象牙色，脸颊上有白色的细纹，颈上有一个明显的白色领环。身体橄榄绿色，尾末端黑色。鸣唱为不断重复、节奏稳定的三个音节，如悦耳的吹笛声。常集小群停栖在电线或树枝上。杂食性鸟类，主要以野果类植物性食物为食，包括胡颓子、樱桃、常春藤等，也吃金龟子、象甲、瓢虫、蝉等动物性食物。

分布： 在我国主要分布于华中和南方地区，近年来向华北地区扩散，在密云常见于次生林。

雀形目 鹎科

红耳鹎

拼音：hóng ěr bēi **学名**：*Pycnonotus jocosus* **英文名**：Red-whiskered Bulbul

李占芳 / 摄　　　　　　　　　　　　　　李占芳 / 摄

生物学特性：居留型不明，体长约20厘米。头黑色，具高高耸立的羽冠，脸颊上有个鲜艳的红色斑点，非常显眼。背部以褐色为主，臀部红色，尾羽末端白色，飞行时非常明显。鸣唱悦耳动听，喜欢集群活动，常停栖在高大树木或树枝上，站在显眼处高声鸣唱或发出如耳语般的叫声。杂食性鸟类，主要以植物性食物为主，常见啄食榕树果实、无花果等植物果实，也吃动物性食物，主要有甲虫、蚂蚁、蝗虫等。

分布：在我国主要分布于华南地区，在密云甚罕见。

雀形目 鹎科

栗耳短脚鹎

拼音：lì ěr duǎn jiǎo bēi　　学名：*Hypsipetes amaurotis*　　英文名：Brown-eared Bulbul

小康 / 摄

史庆广 / 摄

生物学特性： 冬候鸟，体长约 27 厘米。头顶至背部、胸部灰色，脸颊上有栗色斑块，两翼和尾褐灰色，鸣叫声调较高，刺耳单调，显得吵闹，鸣唱略显圆润，但也很单调。常单独或集小群在森林上层活动，飞行呈波浪状。杂食性鸟类，主要以忍冬、鼠李、小檗等树木的果实和种子为食，也吃部分昆虫。

分布： 在我国主要分布于东北和华北地区，在密云偶见于山区林地。

雀形目 鹎科

栗背短脚鹎

拼音: lì bèi duǎn jiǎo bēi　　**学名:** *Hemixos castanonotus*　　**英文名:** Chestnut Bulbul

彼岸 / 摄

郑伯利 / 摄

王作明 / 摄

生物学特性: 旅鸟,体长约 20 厘米。头部具黑褐色冠羽,背部栗红色,腹部白色,翼和尾羽深褐色。栖息于中低山区的林地,繁殖期单独或成对活动,非繁殖期会集大群活动。活泼而喧闹,常在树林的冠层间穿梭飞跃。主要取食植物的果实、茎叶和昆虫等。

分布: 在我国主要分布于华东至华南地区,密云罕见。

雀形目 柳莺科

褐柳莺

拼音： hè liǔ yīng　　**学名：** *Phylloscopus fuscatus*　　**英文名：** Dusky Warbler

宋会强 / 摄

宋会强 / 摄

宋会强 / 摄

生物学特性： 旅鸟，体长约 11 厘米的褐色柳莺。外形显得紧凑而墩圆，背部以橄榄褐色为主，胸腹部灰白色。眉纹长且清晰，前端白色，后端棕褐色，两翼短圆，尾圆而略凹。鸣声为一连串响亮单调的清晰哨音，以颤音结尾。性格活泼，常在灌丛中来回跳跃。主要以鞘翅目、鳞翅目昆虫为食，还吃苍蝇和蜘蛛等。

分布： 在我国主要分布于东北、华北、华南等地区，在密云常见于溪流、沼泽周围及森林中的湿润灌丛。

雀形目 柳莺科

棕眉柳莺

拼音：zōng méi liǔ yīng　　**学名**：*Phylloscopus armandii*　　**英文名**：Yellow-streaked Warbler

宋会强 / 摄

郝建国 / 摄

杜卿 / 摄

生物学特性：夏候鸟，体长约 12 厘米的褐色柳莺。全身几乎都为橄榄褐色，有黄白色的长眉纹和黑色的贯眼纹，胸、腹部的皮黄色较明显。鸣叫声尖厉单调，似鹨类，鸣唱的节奏感很强。常单独或成对活动，喜欢在低矮灌丛中取食。主要以甲虫及鳞翅目昆虫等为食，也吃少量果实和种子。

分布：在我国主要分布于华北至西南地区，在密云较常见于山地灌丛中。

雀形目 柳莺科

巨嘴柳莺

拼音：jù zuǐ liǔ yīng　　**学名**：*Phylloscopus schwarzi*　　**英文名**：Radde's Warbler

贺建华 / 摄

宋会强 / 摄

宋会强 / 摄

生物学特性：旅鸟，体长约12厘米的褐色柳莺。全身橄榄褐色而无斑纹，喙显得长而强壮，贯眼纹深褐色，眉纹前端黄色，后端米白色，尾下为浓郁的棕黄色。鸣叫声像石块敲击声，鸣唱为一连串的快速单音节或双音节重复，显得较为单调。常在茂密的灌丛中或地面取食，尾及两翼常常摆动，显得笨拙且沉重。主要以鳞翅目、鞘翅目、直翅目等昆虫为食。

分布：在我国主要分布于东部地区，在密云常见于林缘灌丛。

雀形目 柳莺科

云南柳莺

拼音：yún nán liǔ yīng　　学名：*Phylloscopus yunnanensis*　　英文名：Chinese Leaf Warbler

宋会强 / 摄

杜卿 / 摄

宋会强 / 摄

生物学特性： 夏候鸟，体长约 10 厘米的橄榄绿色柳莺。眉纹长而白，顶冠纹颜色较浅，翼上具两道浅色翅斑，其中第二条较不明显。鸣唱为双音节的长时间重复，有的长度可超过 1 分钟。喜欢在树冠层活动。主要以昆虫为食。

分布： 在我国主要分布于西南、华中和华北地区，在密云常见于高山的针阔混交林。

雀形目 柳莺科

黄腰柳莺　北京市重点保护野生动物

拼音：huáng yāo liǔ yīng　　学名：*Phylloscopus proregulus*　　英文名：Pallas's Leaf Warbler

宋会强 / 摄

宋会强 / 摄

赵国庆 / 摄

生物学特性：旅鸟，体长约9厘米的橄榄绿色柳莺。有黄色眉纹和顶冠纹，两翼黑褐色，三级飞羽边缘白色，对比明显，具两道鲜艳的黄绿色翅斑，腰部柠檬黄色。鸣声悦耳动听，喜欢在高大的树冠层活动，非常活泼，悬停时黄色腰部非常清晰。主要以鞘翅目、鳞翅目的昆虫及其虫卵为食，偶尔也吃蜘蛛等小型无脊椎动物。

分布：在我国主要分布于东北、华北至华南等地区，在密云常见于森林和林缘灌丛地带。

雀形目 柳莺科

黄眉柳莺

拼音： huáng méi liǔ yīng　　**学名：** *Phylloscopus inornatus*　　**英文名：** Yellow-browed Warbler

李国申 / 摄

雪 / 摄

宋会强 / 摄

生物学特性： 旅鸟，体长约 11 厘米的橄榄绿色柳莺。眉纹黄色，两翼及尾黑褐色，具两道淡黄色的翅斑。鸣叫为尖细而语调上扬的"啾"声，很有特点，鸣唱语句较短，音调委婉。常集小群活动，频繁地在树枝和灌丛中飞跃觅食。主要以鞘翅目金花虫科昆虫为食，也吃双翅目和鳞翅目以及蚂蚁等昆虫。

分布： 在我国主要分布于东北、西南、华北至华南等地区，在密云常见于各类森林中。

雀形目 柳莺科

淡眉柳莺

北京市重点保护野生动物

拼音：dàn méi liǔ yīng　　学名：*Phylloscopus humei*　　英文名：Hume's Leaf Warbler

杜卿 / 摄

五月天 / 摄

雪 / 摄

生物学特性：夏候鸟，体长约10厘米的淡橄榄绿色柳莺。白色眉纹很长，贯眼纹深色，两翼羽色较淡，具两道翅斑，但第一道比较模糊。鸣叫声轻柔，似麻雀"吱吱"叫，典型的鸣唱有两种，一种为逐渐升高并拉长的"嗞"声，另一种为细碎而快速的音节，繁殖期极善鸣唱。比较活跃，喜欢在高海拔针叶林的树冠层中跳来跳去。主要以各种昆虫为食。

分布：在我国主要分布于西北、西南、华北地区，在密云见于针叶林。

雀形目 柳莺科

极北柳莺

拼音：jí běi liǔ yīng　　学名：*Phylloscopus borealis*　　英文名：Arctic Warbler

宋会强 / 摄

廉士杰 / 摄

王大勇 / 摄

生物学特性：旅鸟，体长约 12 厘米的淡橄榄绿色柳莺。体型较修长，具明显的黄白色长眉纹，眼先及贯眼纹近黑色，翼上有很浅的白色翅斑。鸣声为长音节颤音。动作敏捷，喜欢在树枝间跳跃。主要以鞘翅目、鳞翅目、直翅目等昆虫为食。

分布：在我国主要分布于北方地区、华东地区等，在密云常见于次生林和灌丛中。

雀形目 柳莺科

双斑绿柳莺

拼音：shuāng bān lǜ liǔ yīng　　**学名**：*Phylloscopus plumbeitarsus*　　**英文名**：Two-barred Warbler

齐秀双 / 摄　　　　　　　　　　　　　　　　　　　　　　　宋会强 / 摄

生物学特性：旅鸟，体长约12厘米的橄榄绿色柳莺。具明显的白色长眉纹，延伸到喙基，没有顶冠纹；下喙黄色，具两道翅斑，胸腹部白而腰绿。鸣叫声干涩似麻雀，鸣唱似暗绿柳莺，常单独或成对活动，性活跃，常在树冠层不停飞动觅食。主要以甲虫、蜻蜓、虻、鳞翅目昆虫和蜘蛛等动物性食物为食。

分布：在我国主要分布于东北至华南地区，在密云见于次生林的林缘。

333

雀形目 柳莺科

冕柳莺

北京市重点保护野生动物

拼音：miǎn liǔ yīng　　学名：*Phylloscopus coronatus*　　英文名：Eastern Crowned Warbler

廉士杰 / 摄

谭陈 / 摄

生物学特性： 夏候鸟或旅鸟，体长约12厘米的橄榄绿色柳莺。头顶和背部橄榄绿色，具淡黄色的顶冠纹和眉纹，贯眼纹暗褐色，翼上或具一条淡黄绿色的翅斑；胸腹部灰白色，与柠檬黄色的尾下覆羽形成对比。鸣声洪亮，似"驾驾急"，常在大树的树冠活动。主要以鳞翅目、鞘翅目等昆虫为食。

分布： 在我国主要分布于东北、华北及西南地区，在密云常见于混交林及林缘。

雀形目 柳莺科

冠纹柳莺　　北京市重点保护野生动物

拼音：guān wén liǔ yīng　**学名**：*Phylloscopus claudiae*　**英文名**：Claudia's Leaf Warbler

宋会强 / 摄

生物学特性：夏候鸟或旅鸟，体长约10.5厘米的橄榄绿色柳莺。头顶、背部、两翼及尾羽橄榄绿色，具明显的黄色顶冠纹、眉纹和两道翅斑，贯眼纹黑褐色且较细，胸腹部白色而略带黄绿色，尾下覆羽的黄色较浓。鸣声为一长串频率较高、金属感较强的重复音节。在树上停栖时具有轮番鼓翼的典型行为。主要以金龟子、瓢甲、金花甲、象甲等昆虫食。

分布：在我国主要分布于西南、华中、华北地区，在密云常见于高海拔山地的针阔混交林和茂密灌丛中。

乌嘴柳莺

拼音：wū zuǐ liǔ yīng **学名**：*Phylloscopus magnirostris* **英文名**：Large-billed Leaf Warbler

杜卿 / 摄

杜卿 / 摄

生物学特性：夏候鸟，体长约 12.5 厘米的橄榄绿色柳莺。眉纹长，前黄而后白，贯眼纹色深，脸颊具杂斑，喙大而色深，端部略具钩，背部橄榄绿色，具一道或两道偏黄色翅斑，胸腹部白色。鸣声为五声一组。常单独或成对在树木中上层活动。主要以各种昆虫为食。

分布：在我国主要分布于华北、西南及中西部地区，在密云见于混交林。

雀形目 柳莺科

淡尾鹟莺

拼音： dàn wěi wēng yīng　　**学名：** *Phylloscopus soror*　　**英文名：** Alstrom's Warbler

宋会强 / 摄

宋会强 / 摄

杜卿 / 摄

生物学特性： 夏候鸟，体长约 10 厘米的柳莺，头顶和颈部呈灰褐色，有深色的条纹，喙较大，翅膀较短，没有翅斑。胸腹部颜色较淡，呈黄绿色，尾羽较宽而较短。鸣声尖细，会变换使用不同的音节组进行鸣唱。常在林下快速飞捕昆虫。主要以金花甲、金龟子等昆虫为食。

分布： 在我国主要分布于南方地区，在密云见于次生林。

雀形目 树莺科

远东树莺

拼音：yuǎn dōng shù yīng　　**学名**：*Horornis canturians*　　**英文名**：Manchurian Bush Warbler

宋会强 / 摄

宋会强 / 摄

宋会强 / 摄

生物学特性：夏候鸟或旅鸟，体长约 17 厘米的棕色树莺。全身几乎棕褐色，头顶栗红色，具皮黄色的眉纹和棕褐色贯眼纹。胸腹部灰白色。翅短而尾长，雌性的体型比雄性显著更小。繁殖期雄鸟常站在树顶或灌木顶部鸣唱，鸣声为一串咕噜的喉音后接二至三个单声音节，非常响亮。主要以椿象、梨虎、蝗虫等昆虫为食。

分布：在我国主要分布于东北、华北和华东等地区，在密云常见于林缘附近的灌丛或高草丛。

雀形目 树莺科

强脚树莺

拼音：qiáng jiǎo shù yīng　　**学名**：*Horornis fortipes*　　**英文名**：Brown-flanked Bush Warbler

宋会强 / 摄

宋会强 / 摄

宋会强 / 摄

生物学特性：夏候鸟，体长约 12 厘米。全身几乎为棕褐色，有长的皮黄色眉纹，喉部较白，胸腹部近白色。繁殖季常站在显眼的树枝上，昂着头发出清脆而洪亮的鸣唱，每个语句有三个或四个音节，似"你回去"或"你快回去"。常活动于浓密的灌木间，难以寻觅。主要以昆虫为食，包括金龟子、步行虫、叩头虫等，也吃少量植物果实、种子和草籽。

分布：在我国主要分布于华中及南方地区，近年来向北方逐渐扩散，在密云见于浅山灌丛。

雀形目 树莺科

鳞头树莺

拼音：lín tóu shù yīng　　**学名：**_Urosphena squameiceps_　　**英文名：**Asian Stubtail

宋会强 / 摄

杜卿 / 摄

王大勇 / 摄

生物学特性： 夏候鸟或旅鸟，体长约10厘米。尾极短，外形看起来矮胖，头顶棕褐色，具深褐色鱼鳞状斑纹，宽阔的白色眉纹和黑色贯眼纹形成鲜明对比；背部褐色，胸腹部近白色，尾羽非常短。鸣声似一串虫鸣，多颤音。觅食时特别活跃，不停在地面跳动，轻快灵活。主要以鞘翅目昆虫为食。

分布： 在我国主要分布于东北及华北地区，在密云常见于山地森林。

雀形目 长尾山雀科

银喉长尾山雀 北京市重点保护野生动物

拼音：yín hóu cháng wěi shān què　**学名**：*Aegithalos glaucogularis*　**英文名**：Silver-throated Bushtit

宋会强 / 摄

宋会强 / 摄

宋会强 / 摄

生物学特性：留鸟，体长约 14 厘米的长尾山雀。羽毛常显得蓬松，喙黑色，短而细，尾羽非常长，可达 8 厘米，黑色而带白边。具宽的黑眉纹，腹部略带棕粉色。叫声短促而清脆，报警时发出尖细颤音，如同金属摩擦。常集群活动，非常活泼，喜欢在树冠层或低矮树丛中结伴觅食，夜栖时常挤成一排，甚是可爱。巢型特殊，如同吊在树枝上的小篮子。主要以落叶松鞘蛾、尺蠖等昆虫为食，也吃蜘蛛、蜗牛等小型无脊椎动物。

分布：主要分布于我国华北、华中和华东地区，在密云常见于山地森林及平原公园。

雀形目 长尾山雀科

北长尾山雀

拼音： běi cháng wěi shān què **学名：** *Aegithalos caudatus* **英文名：** Long-tailed Tit

谭陈 / 摄

高淑俊 / 摄

宋会强 / 摄

生物学特性： 冬候鸟或旅鸟，体长约14厘米的长尾山雀。头部、胸腹部白色，上背部黑色，肩、下背和腰葡萄红色，尾长与身长近似。常在取食时发出尖细而微弱的"吁吁"声。常集群在树上活动，很少到地面，但会在贴近地面的灌丛四处穿梭，喜欢倒挂在树枝上取食，很少做长距离飞行。主要以昆虫为食。

分布： 在我国主要分布于东北地区，在密云偶见于阔叶林。

雀形目 鸦雀科

山鹛

北京市重点保护野生动物

拼音：shān méi 学名：*Rhopophilus pekinensis* 英文名：Beijing Hill-warbler

贺建华 / 摄

廉士杰 / 摄

宋会强 / 摄

生物学特性： 留鸟，体长约17厘米。尾长，头顶到尾上覆羽棕褐色，具深褐色的细纵纹，眼先和髭纹为黑色，喉部至腹部白色，并具栗色纵纹，两翼短圆，尾羽长，外侧尾羽末端白色。活动时经常鸣叫，发出悠长的"丢丢"声。喜欢在茂密的灌丛中活动，穿越空地或道路时非常迅速。主要以象甲、金龟子等昆虫为食，秋冬季节取食植物果实和种子。

分布： 在我国主要分布于东北南部和华北地区，在密云常见于山区灌丛。

雀形目 鸦雀科

棕头鸦雀　北京市重点保护野生动物

拼音： zōng tóu yā què　　**学名：** *Sinosuthora webbiana*　　**英文名：** Vinous-throated Parrotbill

廉士杰 / 摄

宋会强 / 摄

宋鹏涛 / 摄

贺建华 / 摄

生物学特性： 留鸟，体长约 12 厘米的粉褐色鸦雀。体圆，全身近棕红色。头顶至上背棕红色，翅红棕色，喉部和胸部粉红色。鸣声为持续而清亮的"啾啾"声。多为集群活动，通常做短距离飞行。主要以甲虫类昆虫和松毛虫卵等为食，也吃蜘蛛等其他小型无脊椎动物和植物果实与种子。

分布： 在我国主要分布于华北、华东和华南地区，在密云常见于林下植被及低矮树丛。

雀形目 莺鹛科

白喉林莺

拼音：bái hóu lín yīng　　**学名**：*Curruca curruca*　　**英文名**：Lesser Whitethroat

杜卿 / 摄　　　　　　　　　　　　　　　　　　李爱宏 / 摄

生物学特性：冬候鸟或旅鸟，体长约 13.5 厘米。顶冠深灰色，眼后有灰黑色斑块，背部灰褐色，喉白色，外侧尾羽边缘白色。鸣声以细弱的悦耳颤鸣声开始，逐渐变成尖厉刺耳的重复单音。性格活泼，常在树枝间跳来跳去。主要以昆虫为食，也吃部分植物性食物。

分布：迁徙时见于我国西北、华北地区，在密云见于浓密灌丛中。

雀形目 绣眼鸟科

红胁绣眼鸟 国家二级重点保护野生动物

拼音： hóng xié xiù yǎn niǎo　**学名：** *Zosterops erythropleurus*　**英文名：** Chestnut-flanked White-eye

高淑俊 / 摄

宋会强 / 摄

高淑俊 / 摄

生物学特性： 旅鸟，体长约 12 厘米。头部黄绿色，具明显的白色眼圈，背部和两翼橄榄绿色，两胁栗红色，尾下覆羽黄色。雌鸟胁部栗红色较淡。叫声为本属特有的"喊喳"声。一般成对或集小群活动，迁徙时集大群。主要以鳞翅目和鞘翅目等昆虫为食，也吃一些植物性食物。

分布： 在我国主要分布于东北、华北至华南地区，在密云常见于阔叶林、次生林。

暗绿绣眼鸟 北京市重点保护野生动物

拼音：àn lǜ xiù yǎn niǎo　**学名**：*Zosterops simplex*　**英文名**：Swinhoe's White-eye

宋会强 / 摄

廉士杰 / 摄

宋会强 / 摄

姚宝刚 / 摄

生物学特性：夏候鸟或旅鸟，体长约 10 厘米。头部黄绿色，具明显的白色眼圈，背部和两翼橄榄绿色，胸部及上腹深灰色，腹部中央近白色，尾下覆羽淡黄色。鸣叫声为连续轻柔的颤音。喜欢集群在植被中上层活动。以鳞翅目、鞘翅目等昆虫为食，也吃蜘蛛等小型无脊椎动物，植物性食物主要有松子、马桑果等。

分布：在我国主要分布于华东、华中、华南和西南地区，在密云常见于平原至山地森林，迁徙时见于城市园林。

雀形目 噪鹛科

山噪鹛

北京市重点保护野生动物

拼音：shān zào méi　学名：*Pterorhinus davidi*　英文名：Plain Laughingthrush

贺建华 / 摄

贺建华 / 摄

宋会强 / 摄

生物学特性： 留鸟，体长约 29 厘米。全身几乎都为灰褐色，喉部和胸部的颜色略浅。喙黄色而下弯，很显眼。鸣声响亮而动听，乐曲感强。成对活动时的联络声为一连串上扬的短音节。喜欢在山地较密的灌丛中活动，繁殖期常站在较高的灌木上长时间鸣唱。主要以昆虫为食，也吃植物的果实和种子。

分布： 我国特有鸟种，主要分布在我国北方及华中地区，在密云常见于山地林缘。

雀形目 噪鹛科

画眉

国家二级重点保护野生动物

拼音：huà méi　　学名：*Garrulax canorus*　　英文名：Chinese Hwamei

宋会强 / 摄

廉士杰 / 摄

贺建华 / 摄

廉士杰 / 摄

生物学特性： 留鸟，体长约 22 厘米。全身几乎都为棕褐色，具有非常明显的白色眼圈，在眼后延伸成狭窄的白色眉线。头顶、颈部、喉部有偏黑色的细纵纹。鸣声为悦耳活泼而清晰的哨音，婉转而富有变化。通常在地面觅食。主要以金龟子、象甲、蝗虫、椿象等昆虫为食，也吃蚯蚓等无脊椎动物和植物的果实、种子。

分布： 在我国主要分布于华中、东南地区，在密云见于山地次生林，有稳定的小种群。

雀形目 噪鹛科

红嘴相思鸟　国家二级重点保护野生动物

拼音： hóng zuǐ xiāng sī niǎo　　**学名：** *Leiothrix lutea*　　**英文名：** Red-billed Leiothrix

崔仕林 / 摄

幸福和谐 / 摄

廉士杰 / 摄

生物学特性： 逃逸鸟，体长约 15.5 厘米。色彩艳丽，头顶至颈背部橄榄绿色，具显眼的鲜红色喙，喉部和前胸鲜黄色。翼略带黑色，红色和黄色的羽缘在歇息时呈明显的翼纹。鸣声细柔，或为急促颤音或为单调旋律。栖息于林下植被，休息时常紧靠一起相互理羽。主要以鳞翅目昆虫、甲虫、蚂蚁等为食，也吃植物果实、种子等植物性食物，偶尔也吃少量玉米等农作物。

分布： 在我国主要分布于南方地区，在密云见于次生林。

雀形目 旋木雀科

欧亚旋木雀
北京市重点保护野生动物

拼音：ōu yà xuán mù què　　学名：*Certhia familiaris*　　英文名：Eurasian Treecreeper

何文博 / 摄

生物学特性：冬候鸟或旅鸟，体长约 16 厘米。喙细长而下弯，有白色眉纹，背部棕褐色，带有斑驳的白色纹，喉部至胸腹部白色沾灰色，后爪很长。鸣声为尖利的单音节金属音。十分擅长攀附，喜欢头朝上沿树干螺旋向上攀爬，到顶后又飞至另一棵树的中下部。主要以象鼻虫、小蠹虫、步甲等昆虫为食，此外也吃少量蜗牛等小型无脊椎动物和树藓等植物性食物。

分布：在我国主要分布于东北、华北地区，在密云偶见于各类林地。

雀形目 䴓科

普通䴓　　北京市重点保护野生动物

拼音：pǔ tōng shī　　**学名：**_Sitta europaea_　　**英文名：**Eurasian Nuthatch

赵国庆 / 摄

贺建华 / 摄

鲍伟东 / 摄

生物学特性：留鸟，体长约 13 厘米。头顶至尾上覆羽均呈蓝灰色，有很长的黑色贯眼纹，两翼黑褐色，喉、胸部蓝灰色，腹部白色或皮黄色，两胁棕红色。鸣唱声为一串重复的高频率单调哨音。善于头朝下绕着树干螺旋攀行，在树皮下寻找昆虫，营巢在树洞中，喜欢用泥封住洞口，仅留一个小口进出。主要以天牛、金龟子、毒蛾幼虫、尺蠖幼虫等昆虫为食，秋冬季节也吃部分植物种子和果实。

分布：在我国主要分布于东北、华北、华中、西南等地区，在密云常见于山地森林。

雀形目 䴓科

黑头䴓

北京市重点保护野生动物

拼音：hēi tóu shī　学名：*Sitta villosa*　英文名：Chinese Nuthatch

石郁勤 / 摄

王家春 / 摄

贺建华 / 摄

生物学特性： 留鸟，体长约11厘米。雄鸟头顶亮黑色，背至尾灰蓝色，有黑色贯眼纹和白色眉纹，脸颊和喉部灰白色，胸腹部浅棕黄色。雌鸟头顶黑褐色，眉纹灰白色，羽色比雄鸟略浅。鸣声为一长串圆润快速的"滴滴"声。行动敏捷，能沿树干垂直向上或向下攀爬。主要以蜡科等半翅目昆虫、叶甲科等鞘翅目昆虫、鳞翅目幼虫为食。

分布： 主要分布于我国北方，在密云常见于山地针叶林和针阔混交林中。

雀形目 鸦科

红翅旋壁雀 北京市重点保护野生动物

拼音：hóng chì xuán bì què   学名：*Tichodroma muraria*   英文名：Wallcreeper

廉士杰 / 摄

小康 / 摄

王家春 / 摄

生物学特性：冬候鸟，体长约 16 厘米。喙尖长，尾短。体羽以灰黑色为主，繁殖期脸颊及喉部黑色，非繁殖期脸颊灰褐色，喉部白色。翅膀上有醒目的绯红色斑块，非常耀眼，鸣声为尖细的"叽叽"声。几乎所有时间都在高山悬崖峭壁上活动，常沿岩壁做短距离波浪式飞行，会贴在岩壁上觅食，以长而弯的喙伸进岩缝中取食昆虫。主要以甲虫、金龟子、蛾、蚊等昆虫为食，也吃少量蜘蛛和其他无脊椎动物。

分布：在我国主要分布于西部较高海拔地区，在密云偶见于崖壁上。

雀形目 鹪鹩科

鹪鹩

拼音： jiāo liáo　　**学名：** *Troglodytes troglodytes*　　**英文名：** Eurasian Wren

宋会强 / 摄

廉士杰 / 摄

宋会强 / 摄

生物学特性： 夏候鸟、冬候鸟或旅鸟，体长约10厘米。通体棕褐色，密布黑褐色细横斑，喉部和胸部颜色稍淡，有不明显的皮黄色眉纹；喙细长，尾短而狭窄，常高举。鸣声短促快速，似机枪声。性活泼但胆怯，善于隐蔽在阴暗的灌丛中，常单独活动。主要以蚊、蚂蚁、步甲、蝗虫等昆虫为食，也吃蜘蛛和少量浆果。

分布： 在我国主要分布于东北、华北、西南地区，在密云常见于潮湿密林、灌丛及溪流两侧的林缘地带。

雀形目 河乌科

褐河乌

北京市重点保护野生动物

拼音：hè hé wū　　**学名**：*Cinclus pallasii*　　**英文名**：Brown Dipper

廉士杰 / 摄

廉士杰 / 摄

生物学特性：留鸟，体长约 21 厘米。全身体羽深褐色，有时眼圈上部白色，尾较短。鸣声由尖细而嘈杂的多个单音节组成，不连贯，间杂有粗哑的颤音。喜欢沿着溪流贴近水面快速飞行，潜水觅食，在石头上停歇时常上下点头摆尾，炫耀表演时两翼上举并振动。主要以毛翅目石蛾科幼虫和鳞翅目、蜻蜓目昆虫为食，也吃虾、小型软体动物和小鱼等。

分布：在我国主要分布于中东部至南部地区，在密云见于山间溪流处。

雀形目 椋鸟科

丝光椋鸟　　北京市重点保护野生动物

拼音：sī guāng liáng niǎo　　学名：*Spodiopsar sericeus*　　英文名：Red-billed Starling

王振东 / 摄

布衣翁 / 摄

张德怀 / 摄

生物学特性：夏候鸟，体长约 24 厘米。体羽为灰色及黑白色，头顶有亮白色的丝状羽，背部以灰色为主，两翼及尾辉黑色，飞行时可见明显的大块白斑。叫声粗粝，集群时十分嘈杂。迁徙时成大群，喜欢在翻耕后的田地中觅食。主要以昆虫为食，尤其喜欢吃甲虫、蝗虫等农林业害虫，也吃桑葚、榕树果实等野生植物果实和种子。

分布：在我国主要分布于华北、华中及南方地区，在密云常见于开阔耕地。

雀形目 椋鸟科

灰椋鸟

拼音：huī liáng niǎo　　**学名**：*Spodiopsar cineraceus*　　**英文名**：White-cheeked Starling

张德怀 / 摄

廉士杰 / 摄

徐赵东 / 摄

生物学特性：夏候鸟，体长约24厘米。雄鸟头颈及胸上部黑色，脸颊白色，背部灰褐色，腹部浅灰色，两翼黑褐色；飞行时腰部白色明显，尾黑褐色，末端白色，喙橙色，尖端黑色。雌鸟色浅而暗。非繁殖期常集群活动，会在地面行走觅食，飞行时身体呈三角状。主要以鳞翅目幼虫、蚂蚁、蝗虫等昆虫为食，秋冬季则主要以植物果实和种子为食。

分布：在我国主要分布于东北、华北和西北东部地区，在密云常见于接近农田的开阔地。

雀形目 椋鸟科

北椋鸟

拼音：běi liáng niǎo　　**学名**：*Agropsar sturninus*　　**英文名**：Daurian Starling

宋会强 / 摄

董柏 / 摄

杨虹 / 摄

生物学特性：旅鸟或夏候鸟，体长约18厘米。雄鸟头及胸灰色，颈背具黑色斑块，腹部白色，两翼黑色，闪辉绿色光泽，具醒目的白色翼斑。雌鸟头为浅褐色，背部深褐色，两翼及尾黑色。通常较为安静，鸣叫单调，鸣唱为连串的"咋咋"声。性较谨慎，单独或集小群活动。主要以甲虫、尺蠖、蝗虫等昆虫为食，也吃植物果实和种子。

分布：在我国主要分布于华北、东部地区，在密云见于各种林地。

雀形目 椋鸟科

紫翅椋鸟

拼音： zǐ chì liáng niǎo　　**学名：** *Sturnus vulgaris*　　**英文名：** Common Starling

王丙义 / 摄　　　　　　　　　　　　　　　　崔仕林 / 摄

宋会强 / 摄

生物学特性： 旅鸟，体长约 21 厘米。喙黄色，繁殖羽通体黑蓝色，具有金属光泽。非繁殖羽通体布满白色斑点。叫声为沙哑的刺耳音或哨音。集群活动，迁徙季常集数百只的大群，喜欢在开阔的地面行走觅食。主要以蝗虫、蚱蜢、甲虫等昆虫和幼虫为食，也吃少量植物果实、种子和幼苗。

分布： 在我国各地区均有分布，主要分布于西北地区，在密云见于耕地边缘。

雀形目 椋鸟科

八哥

拼音：bā gē　　**学名**：*Acridotheres cristatellus*　　**英文名**：Crested Myna

石郁勤 / 摄

贺建华 / 摄

5d 鸟 / 摄

生物学特性：留鸟，体长约26厘米。全身体羽几乎都为黑色，前额的黑色羽簇弯曲上翘，喙黄色，翅上有白色翼斑，飞翔时可见大块白斑，脚黄色。善鸣叫，鸣唱嘹亮，傍晚时分尤其喧闹，笼养个体经过训练可以简单模仿人语。终年成对活动，冬季集大群时仍可维持配对，常在地面觅食。主要以蝗虫、蚱蜢、甲虫、蚊等昆虫和幼虫为食，也吃谷子、植物果实和种子等植物性食物。

分布：在我国主要分布于黄河以南地区，因笼养鸟贸易而被引入全国各地，在密云见于疏林林缘。

雀形目 鸫科

白眉地鸫

拼音：bái méi dì dōng　　**学名**：*Geokichla sibirica*　　**英文名**：Siberian Thrush

杜卿/摄

（雌）杜卿/摄

生物学特性：旅鸟，体长约23厘米。雄鸟灰黑色，有非常显著的白色眉纹，尾羽羽端及臀白色。雌鸟橄榄褐色，眉纹皮黄色，比雄鸟略细，胸腹部具鳞状斑。比较安静，较少鸣叫，鸣声柔和而显得单调。单独或成对活动，在森林地面觅食，受惊会迅速飞到树上。主要以甲虫等昆虫为食，也吃蠕虫等小型无脊椎动物和少量植物果实与种子。

分布：在我国主要分布于东北及东部地区，在密云见于林缘。

雀形目 鸫科

虎斑地鸫

拼音：hǔ bān dì dōng　　学名：*Zoothera aurea*　　英文名：White's Thrush

张小玲 / 摄

李爱宏 / 摄

宋会强 / 摄

李占芳 / 摄

生物学特性： 旅鸟，体长约28厘米。头顶和背部橄榄褐色，胸腹部近白色，均密布黑褐色鳞状斑，翼与尾黑褐色，飞翔时可见翼下两道白斑。常常单独活动，多在地面行走觅食，喜欢出没于溪流附近。主要以鞘翅目、鳞翅目昆虫和蚯蚓等小型无脊椎动物为食，偶尔也吃少量植物果实、种子和嫩叶。

分布： 在我国主要分布于东北、华东、华南等地区，在密云见于山地森林的林下灌丛、草地。

雀形目 鸫科

乌鸫

拼音: wū dōng **学名:** *Turdus mandarinus* **英文名:** Chinese Blackbird

宋会强 / 摄

贺建华 / 摄

宋会强 / 摄

生物学特性: 夏候鸟或留鸟,体长约29厘米。雄鸟全身黑色,喙橘黄色,有窄的黄色眼圈。雌鸟喉、胸部有纵纹。鸣唱婉转多样,善于效鸣,鸣叫声为尖锐的"喳喳喳"声。常在地面活动,胆大不怕人。主要以蝼蛄、金龟子、蜻蜓等昆虫为食,也吃马陆、蚯蚓等小型无脊椎动物,此外秋冬季节也吃女贞、构树等植物果实和种子。

分布: 在我国淮河以南地区广泛分布,近年来扩散到华北地区,在密云常见于林地、村镇周边等多种生境。

雀形目 鸫科

褐头鸫

国家二级重点保护野生动物

拼音：hè tóu dōng　　学名：*Turdus feae*　　英文名：Grey-sided Thrush

郝建国 / 摄

娄方洲 / 摄

娄方洲 / 摄

娄方洲 / 摄

生物学特性： 夏候鸟或留鸟，体长约 23 厘米。头顶和背部深褐色，胸腹部灰白色。雄鸟有显著的白色眉纹。鸣叫声为尖细的"啧啧"声，通常六至八声为一句，常于晨昏时鸣唱，行踪非常隐蔽。主要以各种昆虫为食，也吃植物果实和种子。

分布： 我国华北地区特有的繁殖鸟类，在密云见于高海拔针叶林中，常筑巢于高大乔木或灌木上。

雀形目 鸫科

白眉鸫

拼音: bái méi dōng　　**学名:** *Turdus obscurus*　　**英文名:** Eyebrowed Thrush

宋会强 / 摄

宋会强 / 摄

宋会强 / 摄

生物学特性: 旅鸟,体长约23厘米。雄鸟背部橄榄褐色,头深灰色,眉纹白色,腹部白色,两胁赤褐色。雌鸟颜色较浅,头部为灰褐色。鸣叫声较单调,有时会模仿山雀鸣唱。比较谨慎,受惊时快速飞到树上,长时间不动。主要以鞘翅目、鳞翅目等昆虫为食,也吃其他小型无脊椎动物和植物果实与种子。

分布: 迁徙时途经我国西部以外的大部分地区,在密云见于山地林缘。

雀形目 鸫科

白腹鸫

拼音：bái fù dōng　**学名**：*Turdus pallidus*　**英文名**：Pale Thrush

杜卿/摄　　　　　　　　杜卿/摄

生物学特性：冬候鸟或旅鸟，体长约24厘米。雄鸟头及喉灰褐色，背部褐色，腹部及臀白色。雌鸟头褐色，额棕色，喉偏白而略具细纹。鸣叫声很尖，似昆虫鸣叫，鸣唱声单调没有变化。比较胆怯，多在林下灌丛较密集处活动。主要以蝗虫、蚂蚁等昆虫为食，同时也吃少量植物果实和种子。

分布：在我国主要分布于东北、华中至华南地区，在密云见于次生林。

雀形目 鸫科

黑喉鸫

拼音：hēi hóu dōng　　**学名**：*Turdus atrogularis*　　**英文名**：Black-throated Thrush

贺建华 / 摄

生物学特性：冬候鸟或旅鸟，体长约 22 厘米。雄鸟背部灰褐色，翅褐色，尾黑褐色；脸颊、喉和胸为浓厚的黑色；雌鸟和雄鸟相似，但喉和胸颜色浅，并通常具有鳞状斑纹。鸣叫短促，鸣唱为沙哑的重复音节。喜欢停栖在树木中上部，秋冬季节会成群活动并与其他鸫混群。主要以各种昆虫为食，也吃小型软体动物、蚯蚓等。

分布：在我国主要分布于西北、华北地区，在密云见于林缘。

雀形目 鸫科

红尾斑鸫

拼音：hóng wěi bān dōng　　**学名**：*Turdus naumanni*　　**英文名**：Naumann's Thrush

廉士杰 / 摄

宋会强 / 摄

宋会强 / 摄

生物学特性：冬候鸟或旅鸟，体长约25厘米。眉纹棕红色，胸腹部密布栗红色鳞状斑，背部至尾上覆羽橄榄褐色，腹部白色，雌鸟羽色与雄鸟相似。冬季常集大群活动，在地面觅食时，边走边蹦，显得很活泼。食物以昆虫为主，包括蝗虫、金针虫、地老虎、玉米螟幼虫等农林害虫。

分布：在我国广泛分布于除西藏、海南以外的其他地区，在密云常见于开阔林地、农田边缘。

雀形目 鸫科

斑鸫

北京市重点保护野生动物

拼音：bān dōng　**学名**：*Turdus eunomus*　**英文名**：Dusky Thrush

宋会强 / 摄

贺建华 / 摄

王丙义 / 摄

生物学特性：冬候鸟或旅鸟，体长约25厘米。眉纹白色，喉、颈侧、两胁和胸具黑色鳞状斑点，在胸部密集成横带，雌鸟与雄鸟相似，但头背部为褐色。鸣唱婉转，比较喧闹。秋冬季集群活动，也与其他鸫混群。主要以鳞翅目幼虫、尺蠖蛾科幼虫、蝗虫等昆虫为食，也吃山葡萄、山楂等植物果实与种子。

分布：在我国主要分布于东部地区，在密云见于开阔林地。

雀形目 鸫科

赤颈鸫

北京市重点保护野生动物

拼音：chì jǐng dōng　　**学名**：*Turdus ruficollis*　　**英文名**：Red-throated Thrush

贺建华 / 摄

李爱宏 / 摄

幸福和谐 / 摄

廉士杰 / 摄

生物学特性：冬候鸟或旅鸟，体长约 25 厘米。背部灰褐色，腹部及臀纯白色，雄鸟眉纹红色，喉和胸棕红色，外侧尾羽也为红色。雌鸟眉纹和喉部羽色较浅，胸前有黑斑。鸣叫声短促，似黑喉鸫，但鸣唱差异很大。常与其他鸫类混群，喜在地面觅食。主要以甲虫、蚂蚁等昆虫为食，也吃虾、田螺等无脊椎动物以及灌木果实和草籽。

分布：在我国主要分布于西北、华北、东北地区，在密云见于林缘、农田。

雀形目 鸫科

宝兴歌鸫　　北京市重点保护野生动物

拼音：bǎo xìng gē dōng　　学名：*Turdus mupinensis*　　英文名：Chinese Thrush

宋会强/摄

宋会强/摄

史庆广/摄

生物学特性： 夏候鸟，体长约23厘米。头顶至背部橄榄褐色，耳后具一显著黑色月牙状斑块，有两道白色翅斑；胸、腹部白色，密布黑色点状圆斑。鸣唱婉转动听，语句之间间隔较长，响亮但较为缓慢。单独或集小群活动，常在地面觅食，会小跑一段，然后静立不动。主要以金龟子、椿象、蝗虫等昆虫为食。

分布： 是我国特有种，主要分布于华北、西南及中部地区，在密云见于中高山的针阔叶混交林中。

雀形目 鸫科

灰背鸫

拼音：huī bèi dōng　　**学名**：*Turdus hortulorum*　　**英文名**：Grey-backed Thrush

老王 / 摄

（雌）李占芳 / 摄

李占芳 / 摄

生物学特性：旅鸟，体长约 24 厘米。雄鸟头背部、喉及前胸灰色，两胁及翼下橘黄色，腹至尾下白色。雌鸟背部为褐色，喉及胸白色，具有箭头状黑斑。鸣叫为尖细的"嗞嗞"声，似虫鸣，繁殖期长时间鸣叫。非常谨慎怕生，常在林地及公园的腐叶间跳动。主要以鞘翅目步甲科、叩甲科等昆虫为食，此外也吃蚯蚓等小型无脊椎动物和植物果实与种子。

分布：在我国主要分布于东北、华北及东部地区，在密云见于林地。

雀形目 鸫科

乌灰鸫

拼音： wū huī dōng　　**学名：** *Turdus cardis*　　**英文名：** Japanese Thrush

高淑俊 / 摄

（雌）王大勇 / 摄

王大勇 / 摄

生物学特性： 迷鸟，体长约 21 厘米。雄鸟背部纯黑灰，腹部白色，腹部及两胁具黑色点斑。雌鸟背部灰褐色，腹部白色，两胁沾褐色，具黑色点斑。鸣叫单调，节奏快，鸣唱简单，有时会几只一起鸣唱。性谨慎，经常藏身于比较茂密的灌丛及树林，迁徙时集小群活动。主要以昆虫为食，也吃植物果实与种子。

分布： 在我国主要分布于东南地区，在密云罕见于林地。

雀形目 鸫科

黑胸鸫

拼音：hēi xiōng dōng　　**学名**：*Turdus dissimilis*　　**英文名**：Black-breasted Thrush

宋会强 / 摄

宋会强 / 摄

（雌）王大勇 / 摄

生物学特性：迷鸟，体长约 23 厘米。雄鸟头胸部黑色，背部至尾羽深灰色，胸腹部橙色，臀部白色。雌鸟头顶至尾都为褐色，喉、胸部有圆形斑点，向下逐渐变成箭头状。鸣声婉转，可以持续很长时间，鸣叫声尖细。多在地面取食，主要以鞘翅目、鳞翅目昆虫为食，也吃蜗牛、蛞蝓等小型无脊椎动物和植物果实。

分布：在我国主要分布于西南地区，在密云罕见于山地。

雀形目 鹟科

红尾歌鸲

拼音: hóng wěi gē qú　　**学名:** *Larvivora sibilans*　　**英文名:** Rufous-tailed Robin

贺建华 / 摄

宋会强 / 摄

宋会强 / 摄

生物学特性: 旅鸟，体长约 13 厘米。背部淡棕色，腰部及尾羽棕红色，腹部近白色，具鳞状斑纹。常栖于森林中茂密多荫的地面或低矮植被处，尾羽颤动有力。鸣唱声非常响亮，具金属光泽。主要以鞘翅目、鳞翅目等昆虫为食。

分布: 在我国主要分布于东部、华北至东南地区，在密云见于山地林缘。

雀形目 鹟科

蓝歌鸲

拼音：lán gē qú　　**学名**：*Larvivora cyane*　　**英文名**：Siberian Blue Robin

（雌）李爱宏 / 摄

宋会强 / 摄

宋会强 / 摄

生物学特性：夏候鸟或旅鸟，体长约 14 厘米。雄鸟头背部蓝黑色，黑色过眼纹既宽又长，喉至腹部纯白色，与背部颜色形成鲜明对比。雌鸟头背部橄榄褐色，喉及胸部具不明显的鳞状斑纹。常在林下灌丛的地面活动，善于快速奔走，边走边上下摆尾。鸣声响亮而具金属光泽，每句由重复音节组成，不断变换。主要以叶蜂、象甲等昆虫为食，也捕食蜘蛛等其他小型无脊椎动物。

分布：在我国主要分布于东北、华北、华中至西南等地区，在密云常见于山地和林缘。

雀形目 鹟科

红喉歌鸲　　国家二级重点保护野生动物

拼音： hóng hóu gē qú　　**学名：** *Calliope calliope*　　**英文名：** Siberian Rubythroat

（雌）宋会强 / 摄

宋会强 / 摄

宋会强 / 摄

（雌）宋会强 / 摄

生物学特性： 旅鸟，体长约16厘米。雄鸟具醒目的白色眉纹和颊纹，头背部灰褐色，喉部鲜红色，腹部皮黄色。雌鸟喉部白色，胸部棕色，整体较雄鸟颜色稍淡。求偶期雄鸟常在灌丛顶端或电线上鸣唱；平时多隐匿在灌丛中，善于在地面奔走。主要以甲虫、蚂蚁等昆虫为食，也取食植物性食物。

分布： 在我国主要分布于东部地区，在密云常见于近溪流的灌丛。

雀形目 鹟科

白腹短翅鸲

拼音： bái fù duǎn chì qú　　**学名：** *Luscinia phaenicuroides*　　**英文名：** White-bellied Redstart

杜卿 / 摄

（雌）宋会强 / 摄

王大勇 / 摄

生物学特性： 夏候鸟，体长约 18 厘米。雄鸟头、胸及背部蓝灰色，腹部白色，尾羽很长，两翼灰黑色，有明显的白色点斑，翅膀甚短，站立时几乎伸不到尾羽基部。雌鸟整体棕褐色。常栖于浓密灌丛或在近地面活动，鸣唱时尾羽常立起并展开，鸣声响亮而具金属光泽。主要以甲虫、椿象等昆虫为食，秋冬季节也吃少量植物果实和种子。

分布： 在我国主要分布于西南至华北地区，在密云见于林缘灌丛。

雀形目 鹟科

蓝喉歌鸲　　国家二级重点保护野生动物

拼音：lán hóu gē qú　　**学名：** *Luscinia svecica*　　**英文名：** Bluethroat

（雌）宋会强 / 摄

宋会强 / 摄

宋会强 / 摄

宋会强 / 摄

生物学特性： 旅鸟，体长约14厘米，色彩艳丽的歌鸲。雄鸟眉纹白色，喉暗蓝色，喉中央有一栗红色圆斑，非常醒目；胸部有黑、白、栗三色形成的胸环。雌鸟羽色较淡，喉部白色。晨昏活动频繁，喜欢躲藏在茂密植被中，行走时经常停下抬头，并抖动尾羽，鸣声饱满似铃声。主要以甲虫、蝗虫及鳞翅目昆虫为食。

分布： 在我国主要分布于华北、华中至华南地区，在密云见于近水的山地灌丛。

雀形目 鹟科

红胁蓝尾鸲   北京市重点保护野生动物

拼音：hóng xié lán wěi qú   **学名**：*Tarsiger cyanurus*   **英文名**：Orange-flanked Bush-robin

（雌）宋会强 / 摄

张德怀 / 摄

（雌）石郁勤 / 摄

石郁勤 / 摄

生物学特性：夏候鸟或旅鸟，体长约15厘米。雄鸟头顶、背部亮蓝色，具有白色眉纹，两胁橘黄色，喉部白色，胸腹部淡灰色。雌鸟以褐色为主。鸣声清脆，常在地面奔走取食，停栖时尾羽常上下抖动。主要以甲虫、天牛、蚂蚁等昆虫为食，也取食植物性食物。

分布：在我国主要分布于东部地区，在密云见于山地森林及次生林的灌丛中。

雀形目 鹟科

北红尾鸲

拼音： běi hóng wěi qú **学名：** *Phoenicurus auroreus* **英文名：** Daurian Redstart

宋会强 / 摄

（雌）张德怀 / 摄

宋会强 / 摄

生物学特性： 夏候鸟或旅鸟，体长约 15 厘米。雄鸟头顶至枕部银灰色，喉部、背部及两翼黑褐色，翅上有大块白斑，胸腹部和外侧尾羽棕红色。雌鸟除棕红色尾羽及白色翼斑外，其余部分灰褐色。喜欢站在突出的枝条或电线上鸣唱，边唱边点头，并上下抖动尾羽。鸣声复杂多变，带有颤音。主要以鳞翅目、鞘翅目等昆虫为食。

分布： 在我国分布于除新疆外的大部分地区，在密云常见于山地森林、灌丛及村镇附近，近年来偶见越冬个体。

雀形目 鹟科

红尾水鸲

拼音： hóng wěi shuǐ qú　　**学名：** *Phoenicurus fuliginosus*　　**英文名：** Plumbeous Water Redstart

贺建华 / 摄

崔仕林 / 摄

（雌）徐赵东 / 摄

生物学特性： 留鸟，体长约 14 厘米。体型圆胖，雄鸟通体暗蓝色，翼黑褐色，腰部至尾羽栗红色。雌鸟背部及两翼灰褐色，具两道白色点状翅斑，腹部密布鳞状斑纹。鸣唱为尖锐的金属铃声。喜欢站立在水边及附近的电线上，停栖时尾巴上下摆动，或将尾散开成扇状。主要以鞘翅目、鳞翅目等昆虫为食，也吃少量植物果实和种子。

分布： 在我国主要分布于南部、东部地区，在密云常见于多砾石的溪流及河流。

雀形目 鹟科

鹊鸲

拼音：què qú　　**学名**：*Copsychus saularis*　　**英文名**：Oriental Magpie-robin

王大勇 / 摄

王大勇 / 摄

（雌）李爱宏 / 摄

生物学特性：旅鸟，体长约 22 厘米。雄鸟头背部蓝黑色，闪金属光泽，喉、胸部和两翼黑色，具一道明显的白色翅斑，尾羽黑褐色，外侧尾羽白色。雌鸟头背部和喉部为灰褐色。常栖息于林缘灌丛、村落果园以及城市绿地，善于鸣唱，活泼而喧闹，停栖时常反复翘尾。杂食性，主要取食植物茎叶、果实和昆虫等小型无脊椎动物。

分布：广布于我国南方各地，密云罕见于山地、灌丛。

雀形目 鹟科

白顶溪鸲

拼音：bái dǐng xī qú　　**学名**：*Phoenicurus leucocephalus*　　**英文名**：White-capped Water-redstart

北京太阳鸟 / 摄

张德怀 / 摄

杜卿 / 摄

生物学特性：留鸟，体长约 19 厘米。头顶白色，胸口至腹部、腰和尾栗红色，余部黑色，对比非常明显。常立于水中浅滩或水边的突出岩石上，降落时不停地点头且尾不停晃动，求偶时具有独特的摆晃头部的炫耀，鸣声为高低起伏的哨音。有垂直迁徙习性，秋天会从高海拔地区迁徙到低海拔地区。主要以水生昆虫、金龟子等为食，也吃少量软体动物和其他小型无脊椎动物以及植物果实与种子等。

分布：在我国主要分布于华北、华中、西南地区，在密云常见于山间溪流。

雀形目　鸫科

紫啸鸫

拼音：zǐ xiào dōng　　**学名**：*Myophonus caeruleus*　　**英文名**：Blue Whistling Thrush

廉士杰 / 摄

张小玲 / 摄

宋会强 / 摄

生物学特性：夏候鸟或旅鸟，体长约32厘米。通体深蓝紫色，具虹彩；除两翼和尾部外，全身密布浅蓝紫色斑点。鸣唱声悠扬。喜欢在潮湿的地面翻找食物，受惊时逃至隐蔽的岩石下并发出尖厉的警叫声，停栖时常反复展开和收拢尾羽。主要以金龟子、象甲等昆虫为食，也吃蜂、蟹等动物，偶尔吃少量植物果实与种子。

分布：在我国主要分布于华北、南部地区，在密云见于临近河流、小溪的多岩处。

雀形目 鹟科

黑喉石䳭

拼音： hēi hóu shí jí **学名：** *Saxicola maurus* **英文名：** Siberian Stonechat

贺建华 / 摄

（雌）贺建华 / 摄

董柏 / 摄

生物学特性： 旅鸟，体长约 14 厘米。雄鸟头、背、两翼和尾黑色，颈部具不完整的白环，翼上具白斑，胸棕红色，腰腹部白色。雌鸟头、背部为棕褐色，腰部栗红色，不具白色领环。鸣声为单调的颤音。喜欢静立在灌丛顶端，反复快速展开和收拢尾羽。发现食物后跃下捕食，然后飞回原处。主要以蝗虫、甲虫等昆虫为食，也吃蜘蛛、蚯蚓等其他小型无脊椎动物以及少量植物果实和种子。

分布： 在我国主要分布于西北、西南地区，在密云常见于开阔的农田、草地及次生灌丛。

雀形目 鹟科

灰林䳭

拼音：huī lín jí　学名：*Saxicola ferreus*　英文名：Grey Bushchat

杜卿 / 摄

（雌）杜卿 / 摄

王大勇 / 摄

生物学特性： 迷鸟，体长约15厘米。雄鸟头、背部为斑驳的灰色，具醒目的白色眉纹，喉部与黑色脸罩对比强烈，翼及尾黑色。雌鸟似雄鸟，但以褐色取代灰色。鸣唱为短促多变而轻快的颤音，以上扬的一声突然结束。喜欢在同一地点长时间停栖，从树上飞到地面或于飞行中捕捉昆虫。主要以甲虫、蝇等昆虫为食物。

分布： 在我国主要分布于南方地区，在密云罕见于林缘。

雀形目 鹟科

白顶䳭

拼音：bái dǐng jí　　**学名**：*Oenanthe pleschanka*　　**英文名**：Pied Wheatear

杜卿 / 摄

（雌）魏东 / 摄

王大勇 / 摄

生物学特性：夏候鸟或旅鸟，体长约 14.5 厘米。雄鸟头顶及后颈白色，喉部、背部和两翼全黑色，胸腹至臀部白色。雌鸟头及上背暗棕褐色，两翼暗褐色，喉部和胸都为灰褐色，常具纵纹。鸣声悦耳，带有短促的"唧唧"声。常栖于矮树丛或岩石处，发现食物后突然起飞捕捉。主要以甲虫类昆虫为食，也吃少量植物果实和种子。

分布：在我国主要分布于西北、华北、东北地区。在密云见于多砾石的荒山。

雀形目·鸫科

白背矶鸫

拼音：bái bèi jī dōng　**学名**：*Monticola saxatilis*　**英文名**：Common Rock Thrush

（雌）魏东/摄　　　　　　　　　　　　　　杜卿/摄

生物学特性：迷鸟，体长约19厘米。雄鸟头部和颈部为蓝灰色，背部白色，两翅及尾羽棕栗色，胸腹部锈棕色。雌鸟全身灰褐色，胸腹部颜色略浅，具鳞状斑。鸣叫轻柔、婉转，有似伯劳的轻柔串音，鸣唱似蓝矶鸫，但较轻柔而流畅。单独或成对活动，常停栖在突出的岩石或树顶。炫耀时尾羽展开振翅飞行，下落时两翼及尾展开滑翔而下。主要以昆虫为食，也吃植物果实和种子。

分布：在我国主要分布于西北、华中部分地区，在密云罕见于山地河谷。

雀形目 鹟科

蓝矶鸫

拼音：lán jī dōng　　**学名：** *Monticola solitarius*　　**英文名：** Blue Rock Thrush

廉士杰 / 摄

（雌）贺建华 / 摄

青山 / 摄

（雌）王大勇 / 摄

生物学特性： 夏候鸟，体长约 23 厘米。雄鸟灰蓝色，两翼蓝黑色，具淡黑色及近白色的鳞状斑纹；腹部及尾下深栗色。雌鸟背部暗蓝灰色，两翼灰黑色，腹部皮黄色而密布黑色鳞状斑纹。鸣声清脆婉转，并能模仿其他鸟类叫声。常停栖在岩石和树顶鸣唱，快速冲向地面捕捉昆虫。主要以甲虫类昆虫为食，尤其以鞘翅目昆虫为主，此外也吃少量的植物果实与种子。

分布： 在我国主要分布于中东部地区，在密云常见于山地。

雀形目 鸫科

白喉矶鸫

拼音： bái hóu jī dōng　　**学名：** *Monticola gularis*　　**英文名：** White-throated Rock Thrush

张小玲/摄

（雌）宋会强/摄

杜卿/摄

生物学特性： 夏候鸟或旅鸟，体长约19厘米。雄鸟头顶和尾羽蓝色，喉部中央白色，背部黑色，翼黑褐色，具蓝色和白色斑块，腹部栗红色。雌鸟头、背部橄榄褐色，胸腹部白色，具深褐色斑纹。鸣声为单调的金属音。常在较高的岩石上鸣叫，喜欢在林下地面活动。主要以甲虫类昆虫为食，也吃蜘蛛和其他小型无脊椎动物。

分布： 在我国主要分布于东部地区，在密云常见于山地针阔混交林或灌丛间。

雀形目 鹟科

灰纹鹟

拼音：huī wén wēng　　**学名**：*Muscicapa griseisticta*　　**英文名**：Grey-streaked Flycatcher

贺建华 / 摄

宋会强 / 摄

生物学特性：旅鸟，体长约14厘米。全身主要为褐灰色，有白色的眼圈，腹部偏白，胸腹部布满深灰色纵纹，两翼特别长，几乎与尾羽齐平，具狭窄的白色翼斑。鸣声响亮悦耳，为一连串具有金属音的"吁吁吁吁"声。主要在树林中上层活动，会在树枝上寻觅食物，飞至空中捕食后又飞回原来的栖处。主要以蛾、蝶等鳞翅目昆虫，象甲、金龟子等鞘翅目昆虫为食。

分布：在我国主要分布于东北、中东部地区，在密云常见于山地森林。

雀形目 鹟科

乌鹟

拼音：wū wēng　　**学名**：*Muscicapa sibirica*　　**英文名**：Dark-sided Flycatcher

贺建华 / 摄

廉士杰 / 摄

宋会强 / 摄

宋会强 / 摄

生物学特性：旅鸟，体长约 13 厘米。全身主要为深灰褐色，白色眼圈明显，喉白色，通常具白色的半颈环，翼尖大约到尾羽的一半，具不明显皮黄色斑纹，胸腹部具有模糊的褐色斑纹。鸣声短促而具金属音色，像铃铛声。喜欢在林中层活动，常立于裸露低枝，冲出捕捉过往昆虫。主要以小蠹、胡蜂等昆虫为食，也吃少量的植物种子。

分布：在我国主要分布于东部和中部的多数地区，在密云常见于林缘。

雀形目 鹟科

北灰鹟

拼音：běi huī wēng　　**学名**：*Muscicapa dauurica*　　**英文名**：Asian Brown Flycatcher

宋会强 / 摄

石郁勤 / 摄

宋会强 / 摄

生物学特性：旅鸟，体长约 13 厘米。背部灰褐色，有白色眼圈，喙较大，基部黄色明显，腹部偏白色，胸腹部略带淡灰色，斑纹很少，翼尖不到尾羽的中部。鸣声短促，具金属音，间杂短哨音。喜欢在林中层活动，常从栖处捕食昆虫，回至栖处后尾做独特的颤动。主要以叶蜂、蚂蚁、叩甲等昆虫为食，偶尔吃少量蜘蛛等小型无脊椎动物和花朵等植物性食物。

分布：在我国主要分布于东北、东部和中部的多数地区，在密云常见于次生林地。

雀形目 鹟科

白眉姬鹟　　北京市重点保护野生动物

拼音：bái méi jī wēng　　学名：*Ficedula zanthopygia*　　英文名：Yellow-rumped Flycatcher

（雌）任兴合 / 摄　　　　　　　　　　　　李国申 / 摄

（雌）贺建华 / 摄　　　　　　　　　　　　宋会强 / 摄

生物学特性： 夏候鸟或旅鸟，体长约13厘米，也称三色鹟。雄鸟头、背、两翼及尾羽黑色，具显著的白色眉纹，尾上覆羽亮黄色，翼上具大块白斑，喉至上胸橙黄色，腹部亮黄色。雌鸟以橄榄灰代替雄鸟的黑色部分，胸腹部皮黄色。鸣唱短促悦耳，以颤音收尾。常站在枝头，飞捕昆虫后仍返回原来的栖枝。主要以天牛、叩甲、瓢虫等昆虫以及尺蠖蛾科、松鞘蛾等幼虫为食。

分布： 在我国主要分布于东部地区，在密云常见于森林。

雀形目 鹟科

黄眉姬鹟

北京市重点保护野生动物

拼音：huáng méi jī wēng　　学名：*Ficedula narcissina*　　英文名：Narcissus Flycatcher

王大勇 / 摄　　　　　　　　　　　　　　　　　　王大勇 / 摄

生物学特性： 旅鸟，体长约13厘米，黑色及黄色的鹟。雄鸟背部黑色，腰黄，翼具白色块斑，以黄色的眉纹为特征，腹部多为橘黄色。雌鸟背部橄榄灰，尾棕色，腹部浅褐沾黄。鸣唱多变，为一连串快速颤音。通常从树的顶层及树间捕食昆虫，觅食后常返回原来的枝头。主要以昆虫为食。

分布： 在我国主要分布于华北、华东及华南沿海地区，在密云偶见于开阔林地。

雀形目 鹟科

绿背姬鹟 北京市重点保护野生动物

拼音：lǜ bèi jī wēng　**学名：**Ficedula elisae　**英文名：**Green-backed Flycatcher

（雌）宋会强 / 摄

（雌）宋会强 / 摄

宋会强 / 摄

生物学特性： 夏候鸟或旅鸟，体长约 12 厘米。成年雄鸟头背部橄榄绿色，具明显的柠檬黄色眉纹，胸腹部鲜黄色，两翼和尾羽黑褐色，具大块白色翅斑。雌鸟头背部和腰部均为橄榄褐色，具一道细纹状皮黄色翅斑。鸣唱十分婉转。多在树冠层枝叶间活动，在树的顶层及树间捕食昆虫。主要以鞘翅目、鳞翅目、直翅目、膜翅目等昆虫为食。

分布： 在我国主要分布于东部地区，在密云常见于山地林地。

雀形目 鹟科

白腹暗蓝鹟 北京市重点保护野生动物

拼音：bái fù àn lán wēng　　**学名**：*Cyanoptila cumatilis*　　**英文名**：Zappey's Flycatcher

李天 / 摄

（雌）郝建国 / 摄

郝建国 / 摄

生物学特性：夏候鸟或旅鸟，体长约 15 厘米。雄鸟头背部、两翼及尾羽靛蓝色，喉部、胸部及两胁黑色，腹部白色。雌鸟背部灰褐色，喉至腹部白色，略沾橄榄褐色。喜欢在林中层活动，常站立在树木横枝上休息或觅食，夏季雄鸟常站在河谷和溪流附近高树上长时间地鸣叫。主要以叩甲、象鼻虫、金龟子、蝗虫等昆虫为食。

分布：在我国主要分布于中东部地区，在密云常见于针阔混交林及林缘灌丛。

雀形目 鹟科

红喉姬鹟

拼音：hóng hóu jī wēng　　**学名：** *Ficedula albicilla*　　**英文名：**Taiga Flycatcher

宋会强 / 摄

（雌）宋会强 / 摄

宋会强 / 摄

石郁勤 / 摄

生物学特性： 旅鸟，体长约 13 厘米。雄鸟头背部灰褐色，尾羽黑褐色，外侧尾羽基部白色，繁殖期喉部橙黄色，非繁殖期则近白色，胸部灰色，腹部近白色。雌鸟似非繁殖期雄鸟，但胸部灰白色。鸣声为单调的颤音。性活跃，常从树枝飞到空中捕食，又落回原处，喜欢上下摆尾。主要以叶甲、金龟子、夜蛾、叩甲等鞘翅目、鳞翅目昆虫为食。

分布： 迁徙时经过国内各地，在密云常见于针阔混交林和灌丛。

雀形目 戴菊科

戴菊

北京市重点保护野生动物

拼音：dài jú　　学名：*Regulus regulus*　　英文名：Goldcrest

宋会强 / 摄

（雌）王家春 / 摄

（雌）宋会强 / 摄

廉士杰 / 摄

生物学特性：旅鸟或冬候鸟，体长约 9 厘米，体型娇小似柳莺。雄鸟头顶橘黄色，具粗的黑色侧冠纹，脸灰绿色，眼圈白色，背部橄榄绿色，翼黑色，具两道白色翅斑。雌鸟与雄鸟相似，但头顶柠檬黄色。鸣声尖细而微弱。常单独活动。主要以昆虫为食。

分布：在我国主要分布于东北、华北、西南地区，在密云常见于针叶林。

雀形目 太平鸟科

太平鸟

北京市重点保护野生动物

拼音：tài píng niǎo　　学名：*Bombycilla garrulus*　　英文名：Bohemian Waxwing

宋会强 / 摄

张德怀 / 摄

石郁勤 / 摄

生物学特性： 冬候鸟或旅鸟，体长约18厘米。通体棕褐色。头部、后颈、颊部红褐色，有长的冠羽和黑色贯眼纹，喉部中央黑色，两翼具有两道白色翼斑、一条黄带及明显红色蜡质突起，尾羽末端黄色，次端斑黑色，尾下覆羽红色。鸣声清脆如铃声。喜欢集群行动，飞行迅速。主要以油松、桦木、蔷薇、忍冬等植物果实、种子、嫩芽等植物性食物为食，也吃部分昆虫等动物性食物。

分布： 在我国主要分布于东北、华北地区，在密云常见于公园和村庄附近。

雀形目 太平鸟科

小太平鸟　　北京市重点保护野生动物

拼音：xiǎo tài píng niǎo　　**学名**：*Bombycilla japonica*　　**英文名**：Japanese Waxwing

贺建华 / 摄

宋会强 / 摄

宋会强 / 摄

李爱宏 / 摄

生物学特性：冬候鸟或旅鸟，体长约 16 厘米。通体灰褐色，头部、后颈、颊部红褐色，黑色贯眼纹绕过冠羽延伸至头后，尾羽末端红色，具黑色次端斑，两翼具有一道栗色翼斑，次级飞羽末端有红色蜡质突起，喉部中央黑色，尾下覆羽橘红色。鸣声清脆但缺乏节奏。集群行动，休息时常紧密地靠在一起。主要以植物果实、种子、嫩枝、嫩叶等植物性食物为食，也吃昆虫等部分动物性食物。

分布：在我国主要分布于东北及华北地区，在密云常见于公园和村庄附近。

雀形目 岩鹨科

领岩鹨

拼音：lǐng yán liù **学名**：*Prunella collaris* **英文名**：Alpine Accentor

赵国庆/摄

齐秀双/摄

李国申/摄

生物学特性：冬候鸟或旅鸟，体长约17厘米。头部至胸部灰色，喉白而具由黑点形成的横斑，其余体羽褐色，具纵纹，翅上有两道点状翼斑，两胁浓栗色而具宽阔白纹，尾下覆羽黑色而末端白色。叫声为响亮的卷舌音吱叫，鸣声清晰悦耳并具颤音及一些刺耳音。一般单独或成对活动，常立于突出岩石上，飞行快速流畅，波状起伏后扎入植被中。主要以蝗虫、毛虫、蚊等鞘翅目和鳞翅目昆虫为食，也吃蜘蛛等其他小型无脊椎动物以及越橘、植物嫩叶等植物性食物。

分布：在我国主要分布于北部和西部地区，在密云见于山区裸岩。

雀形目 岩鹨科

棕眉山岩鹨

拼音：zōng méi shān yán liù　　**学名**：*Prunella montanella*　　**英文名**：Siberian Accentor

宋会强 / 摄

廉士杰 / 摄

贺建华 / 摄

生物学特性：冬候鸟或旅鸟，体长约15厘米。头顶及贯眼纹黑色，皮黄色的眉纹较宽阔，背部褐色并具深色纵纹，喉部和胸部淡棕黄色，腹部灰褐色。鸣叫声为急促的连串"唧唧"声，鸣唱单调。节奏快，音调高。喜欢单独或集小群活动，在地面觅食。主要以各种昆虫为食，也吃草籽、植物果实和种子等植物性食物。

分布：在我国主要分布于东部、华北和西北地区，在密云常见于森林或灌丛。

雀形目 梅花雀科

白腰文鸟

拼音： bái yāo wén niǎo　　**学名：** *Lonchura striata*　　**英文名：** White-rumped Munia

王大勇 / 摄

赵麒麟 / 摄

生物学特性： 逃逸鸟，体长约 11 厘米。头、胸、颈部暗褐色，背部颜色更深，下背部有一块大的白斑，黑色的尾凹陷，背上有白色纵纹，腹部白色，与褐色的上胸部分界明显，具细小的皮黄色鳞状斑和细纹。喜欢鸣叫。集群时特别吵嚷，喙发出间隙的、音调高的颤音。喜欢集群觅食、夜宿，会攀附在穗上用喙剥开草籽食用，会随着食物资源的变化短距离迁徙。主要以稻谷、草籽、植物果实、叶芽等植物性食物为食，也吃少量昆虫等动物性食物。

分布： 在我国主要分布于长江以南地区，在密云偶见。

雀形目 雀科

山麻雀

拼音：shān má què　　学名：*Passer cinnamomeus*　　英文名：Russet Sparrow

（雌、雄）贺建华 / 摄

贺建华 / 摄

董柏 / 摄

（雌）廉士杰 / 摄

生物学特性：夏候鸟或旅鸟，体长约14厘米。雄鸟头、背部栗红色，上背具黑色纵纹，尾羽黑褐色，喉部黑色，脸颊及胸腹部灰白色。雌鸟头顶至腰部褐色，具土黄色眉纹，胸、腹部灰白色而略沾褐色。鸣声为短促的双音节声。喜欢集群活动，嘈杂吵闹。杂食性鸟类，主要以植物性食物和昆虫为食，包括金花甲、金龟子、叩头甲、椿象等昆虫，也吃稻谷、小麦、玉米以及禾本科、莎草科植物果实和种子。

分布：在我国主要分布于东部地区和西南地区，在密云常见于林缘灌丛和农耕地。

雀形目 雀科

麻雀

拼音：má què　　**学名**：*Passer montanus*　　**英文名**：Eurasian Tree Sparrow

贺建华 / 摄　　　　　　　　　　　　　　　　　廉士杰 / 摄

廉士杰 / 摄

生物学特性：留鸟，体长约14厘米。体型矮圆，全身以棕褐色为主，头顶栗红色，颊部白色，有一显著的黑斑，喉部黑色，颈部具有白色领环，且具两道翅斑。嘈杂喧闹，鸣声单调。常集群活动，在地面和灌丛觅食。杂食性鸟类，主要以谷物等禾本科植物种子为食，繁殖期也吃部分昆虫，并以昆虫育雏。
分布：在我国各地区广泛分布，在密云常见于公园绿地及村镇周边。

雀形目 鹡鸰科

田鹨

拼音：tián liù　　**学名**：*Anthus richardi*　　**英文名**：Richard's Pipit

贺建华 / 摄

雪 / 摄

生物学特性：旅鸟或夏候鸟，体长约16厘米。全身主要为沙色和黑色，喙较长且粗壮，有明显的白眉纹，脸颊和喉部白色，眼后耳羽深色，背部纹路模糊，尾较长，站姿挺拔。起伏飞行时重复发出"啾啾"叫声，鸣唱为单调的高音，繁殖期会在空中悬停鸣叫。善于在地面奔跑，进食时尾摇动。主要以鞘翅目甲虫、直翅目蝗虫、膜翅目蚂蚁等昆虫为食。
分布：在我国广泛分布于除西藏以外的其他地区，在密云常见于农田。

雀形目 鹡鸰科

山鹡鸰

拼音： shān jí líng **学名：** *Dendronanthus indicus* **英文名：** Forest Wagtail

张德怀 / 摄　　　　　　　　　　　　　　宋会强 / 摄

贺建华 / 摄

生物学特性： 夏候鸟或旅鸟，体长约 17 厘米。背部灰褐色，有非常明显的白色眉纹，两翼黑色，具有两道粗的白色翼斑，腹部白色，胸上具两道黑色胸带。叫声常为响亮的"吱吱"声，飞行时发出短促的叫声。单独或成对在开阔森林地面穿行，尾轻轻往两侧摆动，受惊时做波状低飞至前方几米处即停下。主要以象甲、蝗虫、虻、蚁类等昆虫为食，此外也吃蜗牛、蛞蝓等小型无脊椎动物。

分布： 在我国主要分布于东北、华北、华中及华东地区。在密云常见于次生林。

雀形目 鹡鸰科

黄鹡鸰

拼音：huáng jí líng　　**学名**：*Motacilla tschutschensis*　　**英文名**：Eastern Yellow Wagtail

贺建华 / 摄

（亚成鸟）贺建华 / 摄

宋会强 / 摄

张国江 / 摄

生物学特性：旅鸟，体长约18厘米。体羽主要为褐色或橄榄色，头部及背部颜色较深，脸颊色块分界清晰，具有明显的眉纹、贯眼纹，不同亚种脸部图纹颜色差别较大，腹部为鲜艳的黄色，尾较短，外侧尾羽边缘白色。鸣声单调，为重复的叫声间杂颤鸣声。有抖动尾的习惯，但幅度较小，飞行时"波浪"的幅度也更平缓。主要以昆虫为食，包括蚁、蚋、浮尘子以及鞘翅目和鳞翅目的昆虫等。

分布：在我国主要分布于除新疆、西藏外的全国大部分地区，在密云常见于近水处。

黄头鹡鸰

拼音： huáng tóu jí líng　　**学名：** *Motacilla citreola*　　**英文名：** Citrine Wagtail

（雌）贺建华 / 摄

宋会强 / 摄

宋会强 / 摄

生物学特性： 旅鸟，体长约 18 厘米。雄鸟头及腹部为鲜亮的黄色，背部黑色或灰色，各亚种有所差异，两翼白色部分较多；雌鸟头顶及脸颊被灰色，全身近浅棕色。鸣叫声为短促干涩的"喷喷"声，鸣唱也很单调，偶尔插入几个高音。会抖动尾羽，波浪式飞行，常集成大群，在近水滩涂取食。主要以鳞翅目、鞘翅目、双翅目等昆虫为食，偶尔也吃少量植物性食物。

分布： 在我国广泛分布于除西藏外的其他地区，在密云见于溪流边。

雀形目 鹡鸰科

灰鹡鸰

拼音：huī jí líng　　**学名**：*Motacilla cinerea*　　**英文名**：Grey Wagtail

王志义 / 摄

宋会强 / 摄

石郁勤 / 摄

生物学特性：夏候鸟或旅鸟，体长约 19 厘米。头部和背部深灰色，眉纹和颊纹白色，雄鸟繁殖期喉部黑色，非繁殖期白色，胸腹部淡黄色，两翼黑褐色，有一道白色翼斑，尾特别长。雌鸟似雄鸟，但喉部白色。行走或站立时尾羽不停地上下摆动，飞行轨迹呈波浪式，两翅一展一收。主要以石蚕、蝇、甲虫、蚂蚁等鞘翅目、鳞翅目、膜翅目昆虫为食，也吃蜘蛛等其他小型无脊椎动物。

分布：在我国分布于除西藏西部以外的地区，在密云常见于多岩溪流。

413

雀形目 鹡鸰科

白鹡鸰

拼音：bái jí líng　　**学名**：*Motacilla alba*　　**英文名**：White Wagtail

李国申 / 摄

贺建华 / 摄

（亚成鸟）张德怀 / 摄

石郁勤 / 摄

生物学特性：夏候鸟、冬候鸟或旅鸟，体长约20厘米。以黑白二色为主，体羽背部灰色，腹部白色，两翼及尾黑白相间，不同亚种的羽色差异较大。喙尖细，腿较长，适合在湿地行走。鸣声为响亮而尖细的"吁吁"声。行走时上下点头，站立时喜欢抖动尾部。主要以鞘翅目、双翅目、鳞翅目等昆虫为食，如象甲、蛴螬、叩头甲、米象等昆虫，偶尔也吃植物种子、浆果等植物性食物。

分布：在我国各地区广泛分布，在密云常见于近水的开阔地带。

雀形目 鹡鸰科

布氏鹨

拼音：bù shì liù   **学名**：*Anthus godlewskii*   **英文名**：Blyth's Pipit

王大勇 / 摄   宋会强 / 摄

生物学特性：旅鸟，体长约 18 厘米。体小而紧凑，喙较短，背部具有较多边界清晰的纵纹，腹部常为较单一的皮黄色，翼中部具有明显的翼斑，尾较短，站姿较平。鸣叫声与田鹨相比明显较低，鸣唱粗糙，末尾带有旋律变化，与田鹨区别很大。有时会在高大的树林中游荡。主要以昆虫为食。

分布：在我国主要分布于东北、华北、西南等地区，在密云见于林地。

雀形目 鹡鸰科

草地鹨

拼音：cǎo dì liù　　学名：*Anthus pratensis*　　英文名：Meadow Pipit

黄广生/摄

生物学特性：迷鸟，体长约15厘米。下喙黄色，头顶具黑色细纹，但眉纹不明显，背具粗纹但腰无纵纹，腹部皮黄色，前端具粗细一致的褐色纵纹，胸部纵纹稀疏但两胁纵纹浓密。鸣声轻而尖细。集松散群活动，迁徙期间亦集成较大的群。常在草地或水边活动，很少飞翔。主要以地面的昆虫为食。
分布：在我国主要分布于西北地区，在密云罕见于不结冰的河流旁。

雀形目 鹡鸰科

树鹨

拼音：shù liù　　**学名**：*Anthus hodgsoni*　　**英文名**：Olive-backed Pipit

宋会强 / 摄

张德怀 / 摄

廉士杰 / 摄

生物学特性：旅鸟，体长约 15 厘米。头、背部橄榄绿色，具淡淡的褐色纵纹，有宽的白色眉纹，喉部皮黄色，腹部皮黄色，具有清晰的暗褐色纵纹。繁殖期鸣唱婉转，似云雀，有颤音，飞行时发出轻柔的叫声。集小群活动，在地面行走会摆动尾羽，波浪状飞行。主要以蝗虫、象鼻虫、虻、叶甲等昆虫为食，也吃蜘蛛、蜗牛等小型无脊椎动物，此外还吃苔藓、谷子、杂草种子等植物性食物。

分布：在我国主要分布于东北至华南大部分地区，在密云常见于森林。

雀形目 鹡鸰科

粉红胸鹨

拼音：fěn hóng xiōng liù　　**学名**：*Anthus roseatus*　　**英文名**：Rosy Pipit

商伟 / 摄

蔺艳芳 / 摄

生物学特性：旅鸟或夏候鸟，体长约 15 厘米。非繁殖期米白色的眉纹粗重而清晰，背橄榄绿色而具有宽而清晰的黑色粗纵纹，胸及两胁具浓密的黑色点斑或纵纹。繁殖期胸部及上腹部粉红色而几无纵纹，眉纹粉红色。炫耀飞行时会发出重复的音节，鸣叫声柔弱，通常藏隐于近溪流处。繁殖期主要以鞘翅目、膜翅目的昆虫为食，非繁殖期主要以各种杂草种子等植物性食物为食，包括禾本科植物、野葡萄等。

分布：在我国主要分布于华北、华中、西南地区，在密云见于高山草甸。

雀形目 鹡鸰科

红喉鹨

拼音：hóng hóu liù **学名**：*Anthus cervinus* **英文名**：Red-throated Pipit

宋会强 / 摄

贺建华 / 摄

张德怀 / 摄

生物学特性：旅鸟，体长约15厘米。眉纹、脸颊至胸部栗红色，头顶至腰、背部褐色，背部具有皮黄色的纵纹，腰部多具纵纹并具黑色斑块，胸部黑色纵纹较少，腹部粉皮黄色，背及翼无白色横斑。飞行时常发出尖细而拖长的"嗞——"声。单独或集松散的小群活动，常与田鹨在同一区域觅食。主要以昆虫为食。

分布：在我国主要分布于北方、华中地区至长江以南地区。在密云常见于湿润草地。

雀形目 鹡鸰科

黄腹鹨

拼音：huáng fù liù　　**学名**：*Anthus rubescens*　　**英文名**：Buff-bellied Pipit

贺建华 / 摄

贺建华 / 摄

姚宝刚 / 摄

生物学特性：冬候鸟或旅鸟，体长约15厘米。非繁殖羽头顶至背部灰褐色，颈侧有一块明显的三角形黑斑，背部无明显的纵纹，胸腹部密布褐黑色纵斑。繁殖羽颈侧三角形黑斑、胸腹部的纵斑都会减淡，头背部粉灰色，眉纹皮黄色。繁殖期常在空中或栖处发出一连串尖锐的鸣唱，似"丘喂丘喂丘喂丘喂"，飞行时会发出短促的"唧"声。常在地面快速行走觅食，尾部会轻微上下摆动。主要以鞘翅目昆虫、鳞翅目幼虫及膜翅目昆虫为食，兼食一些植物种子。

分布：在我国主要分布于东北、华北及南方地区，在密云见于河岸附近。

雀形目 鹡鸰科

水鹨

拼音：shuǐ liù　　学名：*Anthus spinoletta*　　英文名：Water Pipit

宋会强 / 摄

贺建华 / 摄

姚宝刚 / 摄

生物学特性：冬候鸟或旅鸟，体长约 15 厘米。头浅棕灰色，头顶具细纹，眉纹显著。繁殖羽腹部橙黄色，胸侧及两胁具模糊纵纹。非繁殖羽背部浅黄褐色，胸部、胁部具稀疏的浅黑色纵纹，颈侧有浅的三角形黑斑。繁殖期在栖处或空中鸣唱，飞行时会发出尖厉短促的"唧"声。常在地面快速行走觅食，尾部会轻微摇摆。主要以昆虫为食，有时也吃少量杂草种子和小型无脊椎动物。

分布：在我国主要分布于除西藏、东北部分地区外的其他地区，在密云常见于溪流边。

雀形目 燕雀科

苍头燕雀

拼音：cāng tóu yàn què　　学名：*Fringilla coelebs*　　英文名：Common Chaffinch

宋会强 / 摄

（雌）贺建华 / 摄

（雌）贺建华 / 摄

生物学特性： 冬候鸟，体长约16厘米。雄鸟头顶至颈后蓝灰色，额黑色，脸及胸红褐色，上背栗褐色，具有醒目的白色翼斑。雌鸟整体偏灰绿色。叫声响亮，似金属音，鸣唱富有韵律，逐渐加快，非常动听。性大胆，不怕人，在树上和灌丛停栖，在地面取食。繁殖期主要以昆虫、幼虫和其他小型无脊椎动物为食，冬季则多以植物果实和种子为食。

分布： 在我国主要分布于西北、东北、华中部分地区，在密云见于农田旁灌丛。

雀形目 燕雀科

燕雀

北京市重点保护野生动物

拼音：yàn què　　学名：*Fringilla montifringilla*　　英文名：Brambling

（雌）贺建华 / 摄

宋会强 / 摄

（雌）王丙义 / 摄

生物学特性：冬候鸟或旅鸟，体长约 16 厘米。体羽斑纹分明，雄鸟头部及上背黑色，下背至尾上覆羽白色，两翼及尾黑色，具橙色翅斑，喉、胸及两胁橙褐色，两胁具黑色斑点。雌鸟头部灰褐色，颈灰色。喙粗壮，黄色，尖端略带黑色。喜群居，在迁徙时常集成数百至数千只的大群，喜欢从树上群飞至地面又复飞回树上。主要以杂草种子、树木果实、植物嫩叶、小米、稻谷等植物性食物为食，繁殖期则主要以昆虫为食。

分布：在我国除西藏、海南外广泛分布，在密云常见于混交林。

雀形目 燕雀科

锡嘴雀

北京市重点保护野生动物

拼音：xī zuǐ què　　学名：*Coccothraustes coccothraustes*　　英文名：Hawfinch

李爱宏 / 摄

廉士杰 / 摄

宋会强 / 摄

生物学特性： 冬候鸟或旅鸟，体长约17厘米。体型圆胖，全身偏褐色，眼前有黑色斑块，喙特大而尾较短；具明显的白色宽肩斑，外侧覆羽及飞羽黑色，飞羽先端具紫黑色金属光泽，并具有黑白色图纹，翼尖非同寻常地弯而尖，尾端白色狭窄。鸣声为尖细的"嘶"声，通常惧生而安静。主要以草籽、小米、葵花籽、橡子等植物果实、种子为食，也吃象鼻虫、金花虫等昆虫。

分布： 在我国主要分布于东部、西北部分地区，在密云见于林地。

雀形目 燕雀科

黑头蜡嘴雀 北京市重点保护野生动物

拼音：hēi tóu là zuǐ què　　学名：*Eophona personata*　　英文名：Japenese Grosbeak

谭陈 / 摄

杨华 / 摄

宋会强 / 摄

生物学特性： 旅鸟，体长约 20 厘米。体型圆胖，全身以青灰色为主，黄色的喙硕大粗壮，似雄性黑尾蜡嘴雀的喙，但更大且全黄，头部的黑色"头罩"很小，翼尖黑色。鸣唱声为悦耳的哨音。较少集大群活动，常藏在树上部的枝叶间。杂食性鸟类，繁殖期主要以叩甲、金花虫、叶蜂等昆虫为食，秋冬季节则以红松种子、葵花籽、植物嫩叶和芽苞等植物果实和种子为食。

分布： 在我国主要分布于东北、东部地区，在密云见于林地。

雀形目 燕雀科

黑尾蜡嘴雀 北京市重点保护野生动物

拼音：hēi wěi là zuǐ què   学名：*Eophona migratoria*   英文名：Chinese Grosbeak

（雌、雄）张德怀 / 摄

（雌）高生池 / 摄

石郁勤 / 摄

生物学特性： 夏候鸟或留鸟，体长约 17 厘米。喙粗壮，黄色而尖端黑色。雄鸟头部黑色，"头罩"较大，背部灰褐色，翼及尾黑色，飞翔时翼后缘白色，胁部橙褐色。雌鸟与雄鸟相似，但头部无黑色。鸣唱为多变悠扬的哨音。非繁殖期集大群活动，飞行时扇翅有声。主要以种子、果实、草籽、嫩叶等植物性食物为食，繁殖期也吃部分昆虫。

分布： 在我国主要分布于华北、华中和东南地区，在密云常见于林地。

雀形目 燕雀科

普通朱雀

拼音：pǔ tōng zhū què **学名**：*Carpodacus erythrinus* **英文名**：Common Rosefinch

（雌、雄）廉士杰 / 摄

宋会强 / 摄

（雌）宋会强 / 摄

生物学特性：旅鸟，体长约 15 厘米。雄鸟头和喉部亮红色，喙小而钝，背部灰褐色，腹部白色。雌鸟全身灰褐色，带有深色的杂斑，腹部近白色。鸣声为悦耳的先升后降的四声哨音。单独、成对或集小群活动。飞行轨迹呈波浪状。不如其他朱雀隐秘。主要以果实、种子、花苞、嫩叶等植物性食物为食，繁殖期也吃部分昆虫。

分布：在我国广泛分布于除西藏、新疆地区外的其他大部分地区，在密云见于次生林地。

雀形目 燕雀科

中华朱雀　　北京市重点保护野生动物

拼音： zhōng huá zhū què　　**学名：** *Carpodacus davidianus*　　**英文名：** Chinese Beautiful Rosefinch

贺建华 / 摄

（雌）廉士杰 / 摄

马志红 / 摄

（雌）马志红 / 摄

生物学特性： 留鸟，体长约 15 厘米。雄鸟具粉红色眉纹，头顶和背灰褐色，具有黑色纵纹，两翼棕褐色，胸腹部粉红色，略带深色纵纹。雌鸟体羽无粉色，具黑褐色斑纹，眉纹短且颜色较淡。鸣声为连串的颤声。性活泼，不惧人，在植被底层觅食。主要以草籽为食，也吃果实、浆果、嫩芽和农作物种子等植物性食物。

分布： 我国华北山地和中部地区的特有种，在密云常见于山地林缘。

雀形目 燕雀科

长尾雀

北京市重点保护野生动物

拼音：cháng wěi què　　学名：*Carpodacus sibiricus*　　英文名：Long-tailed Rosefinch

（雌）王大勇 / 摄　　　　　　　　　　　　　　　　　　　　　　　　　　　杜卿 / 摄

生物学特性：冬候鸟，体长约17厘米。尾很长，喙甚粗厚。繁殖期雄鸟脸、腰及胸粉红色，头顶及颈背白色并夹杂细的玫红色，两翼有宽阔的白色翼斑，外侧尾羽白色，胸腹部粉红色。雌鸟几乎全身都为褐色，且密布灰色纵纹。鸣声似山雀，为多音节的金属音。常单独或集小群活动于植被中下层，在灌木和矮树中觅食。主要以草籽等植物种子为食，也吃浆果、果实和嫩叶，繁殖期也吃少量昆虫。

分布：在我国主要分布于东北、华中、西南地区，在密云见于疏林。

雀形目 燕雀科

北朱雀

国家二级重点保护野生动物

拼音：běi zhū què　　学名：*Carpodacus roseus*　　英文名：Pallas's Rosefinch

董柏 / 摄

（雌）谭陈 / 摄

廉士杰 / 摄

（雌）马志红 / 摄

生物学特性：冬候鸟，体长约 16 厘米。体型矮胖，尾略长，尾尖凹型。雄鸟头、腹部绯红色，前额、喉具有白色鳞状斑纹，背部及覆羽深褐色，边缘粉白，具两道浅色翼斑。雌鸟主要为灰褐色，前额、喉部略带粉色，全身都具纵纹。鸣声尖细而短促。集小群在低矮灌丛和地面觅食，常和其他的朱雀混群。主要以草籽和灌木种子为食，如黄刺玫、山荆子、五味子等，也吃松子等树木种子和稻米等农作物。

分布：在我国主要分布于东北、华北地区，在密云见于林灌丛。

雀形目 燕雀科

金翅雀   北京市重点保护野生动物

拼音： jīn chì què   **学名：** *Chloris sinica*   **英文名：** Oriental Greenfinch

廉士杰 / 摄

（雌）宋会强 / 摄

宋会强 / 摄

（雌）廉士杰 / 摄

生物学特性： 留鸟，体长约 13 厘米。体羽以黄、灰及褐色为主，雄鸟头顶灰褐，背部及翅棕褐色，腰黄色，翼上有金黄色块斑，下腹及尾下覆羽黄色。雌鸟体色较暗，黄色翼斑也较小。鸣叫短促清脆，鸣唱为婉转多变的重复音节。常集群活动。主要以植物果实、种子、草籽和谷子等农作物为食。

分布： 在我国主要分布于东部地区，在密云常见于林地灌丛。

雀形目 燕雀科

白腰朱顶雀　　北京市重点保护野生动物

拼音：bái yāo zhū dǐng què　　**学名**：*Acanthis flammea*　　**英文名**：Common Redpoll

高淑俊 / 摄

月照枫林 / 摄

月照枫林 / 摄

生物学特性：冬候鸟或旅鸟，体长约14厘米。全身大部分为灰褐色，头顶有红色斑块。繁殖期雄鸟喉部、胸部粉红色，其余体羽灰褐色，具有明显的深色纵纹，尾略凹。雌鸟除头顶红斑外其余体羽都为灰褐色。鸣叫似成串的"啾"声。时常快速地冲跃式飞行，集群而栖，多在地面取食，受惊时飞至高树顶部。主要以植物果实、种子和草籽为食，繁殖期也吃部分昆虫。

分布：在我国主要分布于东北、华北、西北地区，在密云见于林地。

雀形目 燕雀科

红腹灰雀

拼音： hóng fù huī què　　**学名：** *Pyrrhula pyrrhula*　　**英文名：** Eurasian Bullfinch

（雌）谭陈 / 摄

（雌）孙福满 / 摄

谭陈 / 摄

生物学特性： 冬候鸟，体长约16厘米。体型矮圆，头部及两翼黑色，有大的灰色翼斑，尾黑色。雄鸟脸颊、喉、胸、腹部为深粉色或灰色，不同亚种有所区别。雌鸟脸颊、喉、胸、腹部为黄褐色。鸣叫为单声响亮的哨声。性活跃，多以家族群，或集成小群在枝叶间活动。主要以落叶松子等植物种子和草籽等植物性食物为食。

分布： 在我国主要分布于东北、西北地区，在密云见于林地。

雀形目 燕雀科

红交嘴雀　　国家二级重点保护野生动物

拼音：hóng jiāo zuǐ què　　学名：*Loxia curvirostra*　　英文名：Red Crossbill

李爱宏 / 摄

（雌）廉士杰 / 摄

廉士杰 / 摄

生物学特性： 冬候鸟，体长约 16.5 厘米。雄鸟几乎全身体羽都为红色或偏橙色。雌鸟体羽主要为黄绿色，两翼黑色无翅斑，上下喙尖交错。叫声为生硬的爆破音，进食时做压抑的"喊喳"声，鸣声为一连串响亮的叫声间杂颤音或颤鸣声，盘旋炫耀飞行时常鸣唱。飞行迅速而带起伏，倒悬进食，会用交错的喙嗑开松子。主要以落叶松、云杉、赤松等针叶树种子为食，也吃红松子、榛子等其他树木果实及树叶、草籽等，偶尔吃少量昆虫。

分布： 在我国主要分布于东北、华北、华中、西南地区，在密云见于针叶林。

雀形目 燕雀科

黄雀

北京市重点保护野生动物

拼音：huáng què　　学名：*Spinus spinus*　　英文名：Eurasian Siskin

廉士杰 / 摄

（雌）宋会强 / 摄

丛宝森 / 摄

（雌）袁森林 / 摄

生物学特性： 旅鸟或冬候鸟，体长约 11.5 厘米。体羽以黄绿色和褐色为主，雄鸟头顶黑褐色，脸部黄褐色，背部黄绿色，翅黑色，具两道黄色翅斑，腹部灰白色，两胁棕褐色并有黑色纵斑。雌鸟色暗而多纵纹，头顶无黑色。活泼好动，集群活动。主要以松树、杨树、桦树等树木果实和种子为食，秋冬季也吃谷子等农作物，此外还吃少量昆虫。

分布： 在我国主要分布于东部和西北地区，在密云常见于林地。

雀形目 燕雀科

极北朱顶雀

拼音: jí běi zhū dǐng què　　**学名:** *Acanthis hornemanni*　　**英文名:** Arctic Redpoll

董柏 / 摄

生物学特性: 冬候鸟,体长约13厘米。头顶有红色点斑,喙周围黑色,两翼近黑色,其余体羽皮黄色,背部有深色纵纹;与白腰朱顶雀相似,但体羽白色较多且深色的纵纹较少,胸、脸侧及腰的粉红色很淡。鸣叫声成串。栖居于矮小的桦树及柳树丛,冬季有时集大群,喜欢在枝叶间活动。主要以赤杨、桦树等树木种子和草籽为食,也吃各种灌木果实和植物嫩芽。

分布: 在我国主要分布于东北、西北部分地区,在密云见于林地灌丛。

雀形目 铁爪鹀科

铁爪鹀

拼音：tiě zhǎo wú **学名**：*Calcarius lapponicus* **英文名**：Lapland Longspur

贺建华 / 摄

姚文斌 / 摄

生物学特性：冬候鸟，体长约 16 厘米。体型矮壮，头大而尾短，后趾及爪特别长。繁殖期雄鸟头部花纹明显，脸及胸黑色，颈背棕色，宽眉纹黄色。雌鸟脸颊灰褐色，颈背略带棕色纹理，侧冠纹略黑。鸣叫声为短促的双音节声接一个清晰下行的短哨音。冬季常聚集成大群，飞行时抱团，非常密集，速度很快。主要以草籽、谷子等植物种子和果实为食，繁殖期也常吃昆虫。

分布：在我国主要分布于东北、华北、西北等地区，在密云常见于开阔农田。

雀形目 铁爪鹀科

雪鹀

拼音：xuě wú   **学名**：*Plectrophenax nivalis*   **英文名**：Snow Bunting

赵小健 / 摄

赵小健 / 摄

赵小健 / 摄

生物学特性：冬候鸟，体长约17厘米。喙黑色，非常小巧。繁殖期雄鸟白色的头、腹部及翼斑与其余的黑色体羽成明显的对比。雌鸟头顶、脸颊及颈背略带褐色，胸部有一条明显的橙褐色纵纹，翼上有一块大的白斑。鸣叫声为一串快速的颤音"丢丢"声，韵律感很强。冬季群栖但一般不与其他种类混群。常规步调为快步疾走但也做并足跳行。未在取食群中的个体会做蛙跳式前行，群鸟升空做波状起伏的炫耀飞行然后突然降至地面。主要以草籽等野生植物种子为食，也吃谷子、燕麦等农作物种子。

分布：在我国主要分布于东北地区，在密云罕见于灌丛和农田。

雀形目 鹀科

白头鹀

拼音：bái tóu wú　　**学名**：*Emberiza leucocephalos*　　**英文名**：Pine Bunting

宋会强 / 摄

（雌）宋会强 / 摄

宋会强 / 摄

生物学特性：冬候鸟，体长约 17 厘米。头部图纹非常独特，雄鸟具白色的顶冠纹和紧贴其两侧的黑色侧冠纹，脸颊有大块白斑，头其他部分及喉部栗红色而与白色的胸带对比明显。雌鸟体羽主要为黄褐色，密布深色纵纹。鸣唱声像黄鹀，多在灌木或树上活动，也会到草地觅食。主要以草籽、种子等植物性食物为食，也吃谷子、麦粒等农作物种子，繁殖期主要吃鞘翅目、鳞翅目等昆虫。

分布：在我国主要分布于西北、东北地区，华北至华东地区不定期会出现冬候鸟，在密云见于农耕地旁。

雀形目 鹀科

灰眉岩鹀

拼音：huī méi yán wú　　学名：*Emberiza godlewskii*　　英文名：Godlewski's Bunting

宋会强 / 摄

宋会强 / 摄

宋会强 / 摄

张德怀 / 摄

生物学特性： 留鸟，体长约 16 厘米。雄鸟头及上胸蓝灰色，贯眼纹前半部分和颊纹黑色，侧冠纹和贯眼纹后部栗色，背部和两翼红褐色，具黑色纵纹，腹部栗红色。雌鸟以棕褐色为主，头顶、胸及两胁密布细黑纹。声音响亮，由一个起始音节和一段婉转的哨音组成。常在崖壁石缝中筑巢。主要以草籽、果实、种子和农作物等植物性食物为食，也吃昆虫。

分布： 在我国主要分布于华北、西南地区，在密云常见于多岩丘陵山坡。

雀形目 鹀科

三道眉草鹀 北京市重点保护野生动物

拼音：sān dào méi cǎo wú　　学名：*Emberiza cioides*　　英文名：Meadow Bunting

宋会强 / 摄

（雌）宋会强 / 摄

贺建华 / 摄

（雌）李国申 / 摄

生物学特性：留鸟，体长约16厘米。雄鸟头部花纹明显，贯眼纹前部和颊纹黑色，眉纹和颊部白色，头顶栗红色，眼后有大块栗红色斑块，背部及两翼棕褐色而有黑色纵纹，喉部白色，腹部栗色较浅。雌鸟羽色较淡，眉纹土黄色，眼后斑块棕褐色。鸣叫为略带金属音的"子儿、子儿"声，繁殖期雄鸟经常在枝头鸣唱。繁殖期主要以松毛虫、落叶松鞘蛾、柳天蛾等昆虫为食，非繁殖期主要以草籽、谷子、植物嫩芽等植物性食物为食。

分布：在我国广布于除西藏、海南之外的地区，在密云常见于灌丛。

雀形目 鹀科

栗斑腹鹀　　国家一级重点保护野生动物

拼音：lì bān fù wú　　学名：*Emberiza jankowskii*　　英文名：Jankowski's Bunting

黄广生 / 摄

（雌）郝建国 / 摄

郝建国 / 摄

生物学特性： 冬候鸟，体长约16厘米。雄鸟头上花纹清晰，头顶褐色，眉纹白色，眼先黑色，眼后有近灰色斑块，髭纹深褐色，上背多纵纹，翼斑白色，腹灰色，中央具特征性深栗色斑块。雌鸟颜色较淡，胸部具纵纹，腹部栗斑小。鸣叫声为尖细的"吁"声，晨昏鸣唱，似"吁吁吁嘶"，结尾带有颤音，喜欢在树冠或电线上鸣叫。主要以各种草籽、野蒿种子等植物性食物为食，也吃部分谷子等农作物，繁殖期主要吃螽斯、蝗虫等昆虫。

分布： 在我国主要分布于东北部分地区，在密云偶见于灌丛。

雀形目 鹀科

白眉鹀

拼音：bái méi wú　　**学名**：*Emberiza tristrami*　　**英文名**：Tristram's Bunting

廉士杰 / 摄

（雌）宋会强 / 摄

宋会强 / 摄

（雌）谭陈 / 摄

生物学特性：旅鸟，体长约 15 厘米。雄鸟头部有三条白色条纹，侧冠纹、脸颊和喉黑色，除头以外其余体羽栗褐色，背部带有深色纵纹。雌鸟颜色暗，头部图纹似繁殖期的雄鸟但颜色偏黄褐色，喉部具有短的黑色纵纹。鸣唱悦耳而富有韵律，以清晰高音组起始，然后越来越快，接多个重复的单音节组，喜欢在林上层鸣唱。行为非常隐蔽，常在灌丛或地面取食。主要以草籽、谷粒、稗子等植物性食物为食，也吃鳞翅目、鞘翅目等昆虫。

分布：在我国主要分布于东北、华北、华东地区，在密云见于林缘灌丛。

雀形目 鹀科

栗耳鹀

拼音：lì ěr wú　　学名：*Emberiza fucata*　　英文名：Chestnut-eared Bunting

贺建华 / 摄

贺建华 / 摄

王大勇 / 摄

生物学特性： 旅鸟，体长约 16 厘米。繁殖期雄鸟脸颊栗红色，与灰色的顶冠及颈侧成对比，喉部白色，胸部上方具有黑色斑点形成的黑带，下方有栗红色的胸带。雌鸟似雄鸟但全身体羽偏棕褐色，不具有栗红色胸带。鸣声较其他的鹀快而更为喊喳，语调变化丰富。单独或集小群活动，有时与其他鹀混群。繁殖期主要以蚜虫、尺蠖、黏虫等昆虫为食，非繁殖期主要以草籽、灌木果实等植物性食物为食，秋冬季也吃谷粒、高粱等农作物。

分布： 在我国主要分布于东北、华北、华东及南方地区，在密云见于湿地。

雀形目 鹀科

田鹀

拼音：tián wú　　学名：*Emberiza rustica*　　英文名：Rustic Bunting

（雌）宋会强 / 摄

李爱宏 / 摄

（雌）张德怀 / 摄

生物学特性：冬候鸟，体长约14.5厘米。色彩分明，雄鸟头顶具有黑色短冠羽，白色的眉纹，宽阔的黑色贯眼纹，颈背及腰部都为棕色，胸部周围有栗红色纵斑。雌鸟头部颜色更浅，偏浅褐色。鸣声为悦耳的颤鸣音，从高栖处发出，鸣叫声为重复、高频的金属音。不怕人，停栖时常竖起羽冠。主要以各种杂草种子、植物嫩芽、灌木浆果等植物性食物为食，也吃鞘翅目、鳞翅目等昆虫。

分布：在我国主要分布于华北、华中至华南地区，在密云见于杂草地。

雀形目 鹀科

黄眉鹀

拼音：huáng méi wú　　**学名**：*Emberiza chrysophrys*　　**英文名**：Yellow-browed Bunting

贺建华 / 摄

（雌）宋会强 / 摄

（雌）宋会强 / 摄

生物学特性：旅鸟，体长约 15 厘米。雄鸟头部图纹明显，宽大的侧冠纹和脸颊黑色，脸颊上有一小块白点，眉纹前半段黄色，后半段白色，背部棕褐色，密布黑色纵斑，翼斑白色，腹部更白而多纵纹。雌鸟头部颜色略浅，脸颊和头顶为棕褐色。鸣声金属感强，响亮而多具颤音。行动隐蔽，有时会和其他鹀混群，冬季常集小群在地面觅食。主要以草籽等植物性食物为食，也吃少量昆虫。

分布：在我国主要分布于东北至华东地区，在密云见于林缘灌丛。

雀形目 鹀科

小鹀

北京市重点保护野生动物

拼音：xiǎo wú　　学名：*Emberiza pusilla*　　英文名：Little Bunting

贺建华 / 摄

廉士杰 / 摄

石郁勤 / 摄

石郁勤 / 摄

生物学特性：旅鸟或冬候鸟，体长约 13 厘米。雄鸟繁殖期头顶和脸部栗红色，侧冠纹黑色，眉纹皮黄色；背部沙褐色，具暗褐色纵纹；胸、腹部白色，胸及两胁具黑色纵纹。雌鸟及雄鸟非繁殖羽颜色较淡，无黑色侧冠纹。鸣声为多组重复的音节，清脆响亮。春季集小群，秋季集大群，冬季分散或单独活动。主要以草籽、种子、果实等植物性食物为食，也吃鞘翅目、膜翅目等昆虫。

分布：在我国主要分布于东北至华东地区，在密云见于林缘灌丛。

雀形目 鹀科

黄喉鹀

北京市重点保护野生动物

拼音：huáng hóu wú　　学名：*Emberiza elegans*　　英文名：Yellow-throated Bunting

廉士杰 / 摄

（雌）廉士杰 / 摄

廉士杰 / 摄

宋会强 / 摄

生物学特性： 夏候鸟、旅鸟或冬候鸟，体长约15厘米。雄鸟头顶、眉纹及喉黄色，具黑色冠羽，脸颊黑色，背部棕褐色，具黑褐色纵纹，胸部具马蹄形黑斑，腹部近白色，两胁有黑褐色纵纹。雌鸟羽色较淡，羽冠褐色，胸部无黑斑。飞行时常反复展开外侧白色尾羽。主要以步甲、夜蛾、尺蠖及半翅目昆虫等为食，也吃部分禾本科、茜草科植物种子。

分布： 在我国主要分布于东北、华北及东部地区，在密云常见于开阔林地。

雀形目 鹀科

黄胸鹀　国家一级重点保护野生动物

拼音： huáng xiōng wú　　**学名：** *Emberiza aureola*　　**英文名：** Yellow-breasted Bunting

宋会强／摄

廉士杰／摄

（雌）宋会强／摄

（雌）宋会强／摄

生物学特性： 旅鸟，体长约 15 厘米。色彩艳丽，繁殖期雄鸟顶冠及颈背栗色，脸及喉黑，黄色的领环与亮黄色的胸腹部间隔有栗色胸带，翅上有两道明显的白色翼斑。雌鸟色彩较淡，顶纹浅沙色，修长的眉纹呈浅皮黄色，背部灰褐色，具有黑色纵斑，喉至腹部淡黄色，只有一道小的白色翼斑。在繁殖地常在突出的栖处鸣唱，由一些短音段组成，缓慢、音调高，且变调多为上升音调，叫声为短促而响亮的金属音。集群迁徙，会与其他鹀混群。繁殖期主要以甲虫、蚂蚁等昆虫为食，迁徙期主要以谷粒、高粱等农作物为食，也吃部分草籽和植物果实。

分布： 在我国主要分布于东北、华北及南方地区，在密云见于湿地。

雀形目 鹀科

栗鹀

拼音: lì wú　　**学名:** *Emberiza rutila*　　**英文名:** Chestnut Bunting

廉士杰 / 摄

廉士杰 / 摄

(雌) 廉士杰 / 摄

生物学特性: 旅鸟,体长约 15 厘米。繁殖期雄鸟色块非常清晰,头、背部及胸栗色,腹部黄色。雌鸟与非繁殖期雄鸟相似,头和背部多为棕色,腹部淡黄色,上背和腹侧具深色纵纹。在繁殖地常在突出的栖处鸣唱,鸣唱多变而婉转,鸣叫则尖锐、短促。主要以草籽、种子、果实和嫩芽等植物性食物为食,也吃谷粒和昆虫。

分布: 在我国主要分布于东北、华北、华中至东部地区,在密云见于林地。

雀形目 鹀科

灰头鹀

拼音：huī tóu wú　　学名：*Emberiza spodocephala*　　英文名：Black-faced Bunting

贺建华 / 摄

宋会强 / 摄

（雌）贺建华 / 摄

生物学特性：旅鸟，体长约14厘米。繁殖期雄鸟的头、颈背及喉灰色，眼先有黑斑，背部余部浓栗色而具明显的黑色纵纹，腹部浅黄色或近白色，尾色深而带白色边缘。雌鸟头橄榄色，有浅色的眉纹和颊纹，颈部为黯淡的灰色，全身大致为褐色，密布深色纵纹。繁殖期常在矮树或灌丛上鸣唱，鸣声为一连串活泼清脆的"吱吱"声及颤音。性机警，常在地面跳动觅食，不断地弹尾以显露外侧尾羽的白色羽缘。主要以昆虫和小型无脊椎动物为食，也吃草籽、谷粒、果实等植物性食物。

分布：在我国主要分布于东北、华北及南方大部分地区，在密云见于林缘开阔地。

雀形目 鹀科

苇鹀

拼音：wěi wú　　**学名**：*Emberiza pallasi*　　**英文名**：Pallas's Reed Bunting

宋会强 / 摄

（雌）宋会强 / 摄

贺建华 / 摄

（雌）贺建华 / 摄

生物学特性：冬候鸟，体长约14厘米。雄鸟繁殖期头黑色，后颈部具白色环带，喉部黑色，背部沙褐色，具黑色纵纹，尾羽具白斑，腹部白色，两胁沾棕褐色。雌鸟和非繁殖期的雄鸟头顶沙褐色，具黑色纵纹，眉纹黄白色。鸣声为细弱的单音节重复。喜欢握住芦苇茎横立张望。主要以草籽、芦苇种子、植物嫩芽、浆果等植物性食物为食，也吃少量昆虫。

分布：在我国主要分布于东部地区，在密云常见于溪流旁的芦苇丛。

雀形目 鹀科

红颈苇鹀

拼音：hóng jǐng wěi wú　　学名：*Emberiza yessoensis*　　英文名：Japanese Reed Bunting

谭陈 / 摄

王磊 / 摄

贺建华 / 摄

生物学特性： 旅鸟或冬候鸟，体长约15厘米。繁殖期雄鸟头全黑，腰及颈背棕色，肩上有一块小的三角形灰色斑块。雌鸟和非繁殖期的雄鸟头部有明显的图纹，脸颊、侧冠纹黑褐色，眉纹皮黄色，上下喙颜色不同。鸣声起始音比较弱，语句很短，具有金属光泽而略有起伏，鸣叫声细弱。集小群在地面或灌丛活动。主要以各种草籽和谷子为食，繁殖期也吃鳞翅目、鞘翅目的一些昆虫，此外还吃淡水螺等小型无脊椎动物。

分布： 在我国主要分布于东北、东南沿海地区，在密云见于芦苇沼泽。

雀形目　鹀科

芦鹀

拼音：lú wú　　**学名**：*Emberiza schoeniclus*　　**英文名**：Common Reed Bunting

张德怀/摄

（雌）马显英/摄

生物学特性：旅鸟或冬候鸟，体长约15厘米。具有显著的白色颊纹，繁殖期雄鸟头顶黑色，颈环白色，背部多棕色，腹部白色带有深色的细纵纹。雌鸟及非繁殖期雄鸟头部的黑色多褪去，头顶具杂斑，眉纹皮黄色。在矮树丛或芦苇秆上鸣叫，音程为短系列的"叮当"声，音节很短。常集小群在原野、灌丛中觅食。主要以草籽、芦苇种子、浆果、植物嫩芽等植物性食物为食，繁殖期也吃昆虫。

分布：在我国主要分布于西北、华北及华东沿海地区，在密云见于农田。

雀形目 鹀科

黄鹀

拼音：huáng wú　　**学名**：*Emberiza citrinella*　　**英文名**：Yellowhammer

大众 / 摄

大众 / 摄

生物学特性：迷鸟，体长约 17 厘米。繁殖期雄鸟头黄色，非常鲜艳，胸部有栗色杂斑，胸腹部黄色，背部棕褐色，有深色的纵纹。雌鸟头部棕褐色为主，喉部和眉纹黄色，身体上的棕褐色更重。喜欢在突出的树枝上鸣唱，鸣声为有特色的重复音节。冬季常在农田及周边林地觅食，主要以草籽、果实和农作物等植物性食物为食，繁殖期也吃昆虫。

分布：在我国少见于新疆西北部，在密云极罕见于农田。

黄鼬 宋会强/摄

第二篇
密云哺乳动物资源

密云哺乳动物资源概况

密云野生动物资源丰富，历史上，还是猕猴（Macaca mulatta）等一些兽类在我国动物地理分布的北界，是研究华北地区生物演替变化的重要区域。密云区园林绿化局一直重视对野生动物资源的保护。2002—2004年，邀请北京林业大学专家对雾灵山国家级自然保护区进行了野外实地调查；2013—2017年，邀请中国林业科学院研究员对云峰山自然保护区进行了科学考察，出版了《北京云峰山市级自然保护区科学考察报告》；

2017—2018年，依托北京林业大学对雾灵山、云峰山、云蒙山自然保护区开展了野生动植物多样性调查，出版了《北京雾灵山自然保护区野生动物资源图谱》。

截至目前，密云分布野生哺乳动物7目18科42种（因受拍摄条件所限，本书共展示了35种），较2010年之前的记录增加8种，其中翼手目增加2种、啮齿目增加5种、食肉目增加1种。物种组成的变化可能与气候变化、植被演替有关。同时，对翼手目的调查发现还有进一步丰富物种的可能，值得后期深入开展野外调查。本区域哺乳动物具有分布广泛的特点，以啮齿目占优势，占40.5%；食肉目次之，占21.4%；再次是翼手目，占16.7%，其他占21.4%。其中中国特有种

5种，分别为麝鼹（Scaptochirus moschatus）、川西缺齿鼩（Chodsigoa hypsibia）、岩松鼠（Sciurotamias davidianus）、复齿鼯鼠（Trogopterus xanthipes）、中华鼢鼠（Eospalax fontanierii）。

与北京市野生哺乳动物数据对比，全市分布7目20科63种，密云分布7目18科42种。全市分布国家一级重点保护野生动物3种，密云分布1种；全市分布国家二级重点保护野生动物6种，密云分布5种；全市分布北京市重点保护野生动物13种，密云分布10种；全市分布中国特有种10种，密云分布5种。密云野生哺乳动物具有丰富的多样性和较高的研究价值。

劳亚食虫目 猬科

东北刺猬

北京市重点保护野生动物

拼音：dōng běi cì wèi　　学名：*Erinaceus amurensis*　　英文名：Amur Hedgehog

宋会强 / 摄

马志红 / 摄

马志红 / 摄

生物学特性： 成体长约27厘米，体背和体侧满布棕、白相间的硬棘刺，头、尾和腹面被淡黄色绒毛。吻尖而长，四肢短，生有细而密的软毛，前后肢各具5趾。

生活习性： 栖息于农田、果园、草地、灌丛，主要在夜晚活动。以瓜果、植物种子及蚯蚓、甲壳虫等各类昆虫的幼虫为食，偶尔也捕食蛙蟾类小动物。

劳亚食虫目　鼹科

麝鼹

拼音：shè yǎn　　学名：*Scaptochirus moschatus*　　英文名：Short-faced Mole

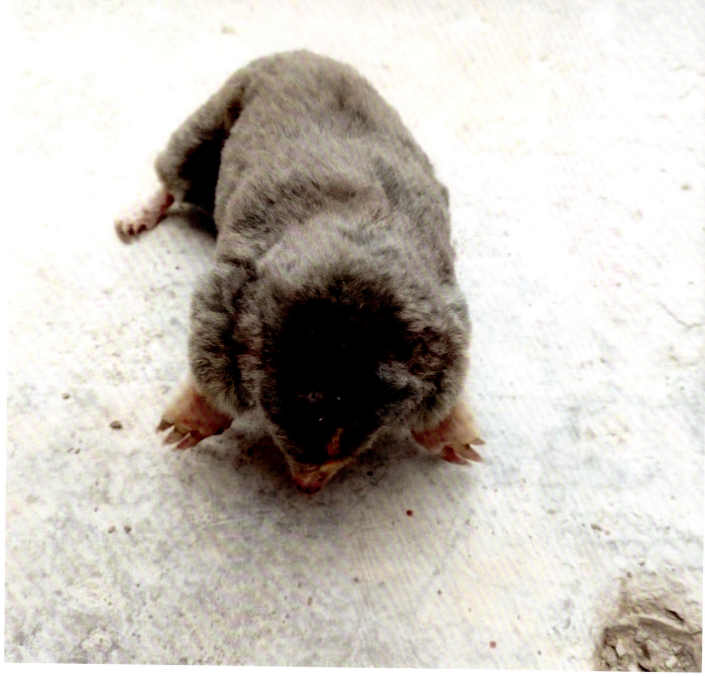

南小宁 / 摄

生物学特性：体长 10~13 厘米，体型粗壮。吻部尖，眼睛退化，外耳壳几乎消失。体毛细软、灰棕色，带有金属闪光。尾长 1.5~2.0 厘米，尾毛稀疏。前脚掌宽大，趾端爪长、扁平，向外翻。犬齿发达、体积大，前 2 枚臼齿小，齿式 3.1.3.3/3.1.3.3=40。

生活习性：麝鼹为地下穴居生活，常在地表下寻觅取食土壤昆虫，造成地表隆起开裂。

马铁菊头蝠

拼音：mǎ tiě jú tóu fú　　学名：*Rhinolophus ferrumequinum*　　英文名：Greater Horseshoe Bat

张礼标 / 摄

生物学特性： 体型较大的蝙蝠，前臂长 5.5~6.3 厘米。耳基部宽阔、端部尖，无耳屏，鼻吻部具有复杂的叶状皮肤皱褶形成的鼻叶，口吻部有扁平的马蹄铁状叶及其外侧的小叶，鼻孔位于马蹄铁状叶中央，周围另有小叶围绕，形似菊花，该物种由此得名。背毛棕褐色，分为毛基的浅棕灰色及毛尖的棕色；腹毛灰棕色；翼膜黑褐色。
生活习性： 群栖性，冬眠时多栖息于天然洞穴及城乡建筑的缝隙中。以鞘翅目及鳞翅目昆虫为食。种群数量较少。

翼手目 蝙蝠科

东方棕蝠

拼音：dōng fāng zōng fú　　学名：*Eptesicus pachyomus*　　英文名：Oriental Serotine

张礼标／摄

生物学特性： 中等体型的蝙蝠，前臂长 5.0~5.7 厘米。鼻吻部无皱褶，局部裸出，具稀疏短毛。耳基较宽、尖端圆钝。耳孔前方有较长的耳屏，形似舌状，尾尖露出尾膜 4~5 毫米。体背面暗棕色，毛基显黑色，毛端棕黄色；腹面浅褐色，腹下部及外侧略带黄色；翼膜浅褐色。

生活习性： 群栖息性，在民房、楼宇等建筑的墙缝中隐蔽。以鞘翅目、双翅目及鳞翅目昆虫为食，夏季较为常见。

翼手目 蝙蝠科

普通蝙蝠

拼音：pǔ tōng biān fú　　学名：*Vespertilio murinus*　　英文名：Eurasian Particolored Bat

张国江 / 摄

张国江 / 摄

张国江 / 摄

生物学特性： 体型较小的蝙蝠，鼻吻部正常，鼻孔后两侧有突起的皮肤丘。耳短小，边缘较圆，双耳在前额处接近，距离约1.5毫米，耳屏短小，端部圆钝。尾较长，突出于股间膜2.5毫米，翼膜近体侧、股间膜的腿部有长毛。身体背面毛基黑色，中间浅褐色，毛端近白色，体侧与胸腹部浅褐色，颈部与腹下部浅白色，腹毛与背部毛色对比明显，俗称双色蝙蝠。翼膜黑褐色。

生活习性： 栖居环境多样，树洞、岩缝、屋檐下、古建筑物等地均可藏身。取食蚊子、蛾类等。夏季较为常见。

463

翼手目 蝙蝠科

东亚伏翼

拼音：dōng yà fú yì 学名：*Pipistrellus abramus* 英文名：Japanese Pipistrelle

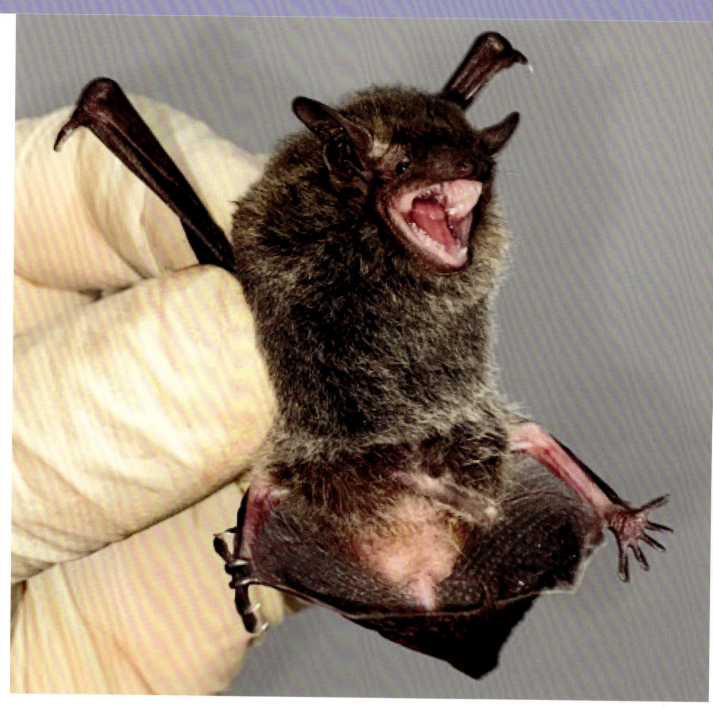

张礼标 / 摄

生物学特性：体型较小的蝙蝠，前臂长 3.2~3.5 毫米。头型偏短，耳壳小、三角形。耳屏偏狭长，超过耳壳长的 50%，末端较圆钝。第 3、4、5 掌骨几乎等长。体背毛基黑褐色，毛尖浅灰褐色，腹部毛基灰黑色，毛尖污白色，颈背部毛基偏褐色。翼膜较宽而长，薄至透明。

生活习性：集群生活，城市及村镇附近常见，栖息于房屋缝隙与树洞，属于一种常见的小型蝙蝠。

翼手目 蝙蝠科

褐山蝠

拼音：hè shān fú　　**学名**：*Nyctalus noctula*　　**英文名**：Brown Noctule

张礼标 / 摄

生物学特性：中等体型的蝙蝠，前臂长 4.7~5.3 厘米。耳短宽，耳屏明显，内缘中间凹陷类似肾形。第 5 趾较短，稍大于第 3、4 掌骨的长度，导致翼膜变窄。体背毛棕褐色，腹毛褐色，体侧毛向外扩展至翼膜和股间膜。

生活习性：集群活动，多至百余只，栖居于树洞、老房子的缝隙中。

翼手目 蝙蝠科

奥氏长耳蝠

拼音：ào shì cháng ěr fú **学名**：*Plecotus ognevi* **英文名**：Ognevi's Long-eared Bat

张礼标 / 摄

生物学特性：体型较小的蝙蝠，前臂长 3.7~4.2 厘米。耳宽且长，耳长达 3.0~3.4 厘米，又称大耳蝠。耳壳里侧边缘约有 20 条细横纹，耳屏达耳长之半，外侧基部有一副叶。尾长接近体长，包裹于股间膜。体背面毛基黑褐色，毛尖灰棕色，腹毛尖为灰白色。

生活习性：单独栖居，夏季选择树洞、岩石缝隙栖居，冬季在山洞中冬眠。能够捕食其他蝙蝠、鸟类、青蛙以及大型昆虫。

啮齿目 松鼠科

岩松鼠

拼音： yán sōng shǔ　　**学名：** *Sciurotamias davidianus*　　**英文名：** Père David's Rock Squirrel

李爱宏 / 摄

赵国庆 / 摄

宋会强 / 摄

赵国庆 / 摄

生物学特性： 体长 20~25 厘米。背部及四肢外侧均为青黄色，腹面及内侧为浅灰黄色，颈部略带白色。眼圈黄白色，鼻前部深黑色。尾长超过体长之半，尾毛蓬松，尾端白色毛尤为明显。

生活习性： 栖息于山地、丘陵等多岩石地区，白昼常见于林缘、灌丛、耕作区及居民点附近活动，不冬眠。在灌丛下的岩缝、石洞做窝，性机敏。以野生植物种子及山桃、山杏等果实为主要食物，有时也会盗食农作物。

啮齿目 松鼠科

花鼠

拼音：huā shǔ　　**学名**：*Tamias sibiricus*　　**英文名**：Siberian Chipmunk

马志红 / 摄

史庆广 / 摄

鲍伟东 / 摄

生物学特性：体长 11~15 厘米，尾长约 10 厘米。背毛黄褐色，臀部橘黄或土黄色，背上有 5 条暗棕色纵纹，夹杂黄白色纵纹。尾毛长而蓬松，呈帚状，并平展伸向两侧。耳壳明显露出毛被外。具有白色短眉纹和眼下纹，贯眼纹和颊纹黄褐色。

生活习性：多在树木和灌丛的根际挖洞，或利用田埂石缝穴居，善爬树，行动敏捷，不时发出刺耳叫声，常白天活动，晨昏之际最活跃。食物有各种坚果、种子、浆果、花、嫩叶以及昆虫。有贮存食物和冬眠的习性。由于对食物贮存地记忆不强，在一定程度上起了"播种"作用。

啮齿目 松鼠科

隐纹花鼠 北京市重点保护野生动物

拼音：yǐn wén huā shǔ　　学名：*Tamiops swinhoei*　　英文名：Swinhoe's Striped Squirrel

宋会强 / 摄

史庆广 / 摄

史庆广 / 摄

李国申 / 摄

生物学特性：体长 12~15 厘米，尾长接近身长，尾端毛长。两颊有不明显的黄白色条纹，延伸至耳基。体毛总体灰褐色，杂有黑色毛。体背中央有明显的黑色纵纹，两侧有褐黄色及浅黄色的纵纹相间排列。颈、腹部及四肢内侧为灰黄色。耳廓边缘为浅黄色，尖端有黑白色的短簇毛。眼周为黄白色。由于体色和花纹与花鼠相似，时常被误当作后者，但颜面部的花纹仅有两颊不太明显的黄白色条纹，其余为灰黄色。明显区别于花鼠的棕黄色条纹。
生活习性：常在树上奔窜，活动范围不大，最喜在针叶树上活动，也出现在灌木或果园、菜园中。筑巢于树叉间或利用树洞做窝，一般在清晨或黄昏时最活跃。主要食物为各种松树坚果、灌木浆果、嫩芽以及昆虫等。

啮齿目 松鼠科

北松鼠

拼音：běi sōng shǔ **学名**：*Sciurus vulgaris* **英文名**：Eurasian Red Squirrel

李爱宏 / 摄

马志红 / 摄

生物学特性：体长 18~26 厘米，尾长而蓬松粗大，约 20 厘米。全身为暗黑棕色至棕褐色，腹部中央为白色，耳末端有长毛簇，在冬季更显著。随着季节变化体色稍有不同，在夏季偏红。

生活习性：以植物果实为主的杂食性松鼠，也吃小鸟和鸟卵。

啮齿目 松鼠科

复齿鼯鼠

拼音：fù chǐ wú shǔ　　**学名**：*Trogopterus xanthipes*　　**英文名**：Complex-toothed Flying Squirrel

宋大昭 / 摄

生物学特性：体型较大的鼠类，成体长40~50厘米。耳基部有长毛丛。眼眶四周毛色暗，形成黑色眼圈。体背毛基灰黑色，中间淡黄色，尖端黑色，颈背部呈黄褐色，腹毛灰白色，毛尖淡橙色。前后肢间有皮膜，颜色与腹面毛色相同，毛尖为灰白色。尾呈扁平状，尾长大于体长，尾端毛黑色，尾根部毛色浅黄色。其余为黑色，形成一条黑纵纹达尾端。

生活习性：多栖息于有柏树生长的山石峭壁，在石洞、石缝、树洞营巢，活动时可由高处向下滑翔很远。习惯在固定地方排泄，形成一个大粪堆，粪便为中药"五灵脂"，用于治疗心绞痛、跌打损伤等。食物主要为柏树嫩叶、柏树籽、油松籽、杏核、山桃核以及其他植物的果实等。

啮齿目 松鼠科

沟牙鼯鼠

拼音：gōu yá wú shǔ　　学名：*Aeretes melanopterus*　　英文名：Northern Chinese Flying Squirrel

宋大昭 / 摄

生物学特性： 体长 30~33 厘米，是北京地区体型较大的鼯鼠。尾长略微超过体长，尾毛向两侧生长，呈侧扁型。体背毛色总体显灰棕色，针毛中段黄棕色，毛尖带黑色。后腰至臀部毛尖灰白色。体侧飞膜为棕红色，边缘灰色较重。腹面为灰白色，四肢外侧与体色近似。上门齿表面棕红色，外侧面有一条纵沟，因此而得名。齿式为 1.0.2.3./1.0.1.3 =22。

生活习性： 栖息于针阔混交林，在树洞中营巢，夜行性，攀爬到高大树木顶端后，以滑翔方式更换活动地点，不冬眠。以柏树嫩枝、植物叶、果实、蘑菇为食，也吃昆虫等。粪粒为中药"五灵脂"。

啮齿目 鼠科

大林姬鼠

拼音：dà lín jī shǔ　　学名：*Apodemus peninsulae*　　英文名：Korean Field Mouse

宋大昭 / 摄

生物学特性： 体长 7~12 厘米，尾长可超过体长。耳长，向前折可达眼部。前、后足各有 6 个足垫。尾毛稀疏，皮肤鳞清晰可见。体背灰褐色，腹部及四肢内侧灰白色，尾毛与体色类似。

生活习性： 栖息于林区的灌丛及林间空地，也见于林缘附近的农田。具有较强的挖掘能力，危害农作物。主要取食植物种子和果实，也食昆虫。

啮齿目 鼠科

黑线姬鼠

拼音：hēi xiàn jī shǔ　　**学名**：*Apodemus agrarius*　　**英文名**：Striped Field Mouse

邹波 / 摄

生物学特性：体型偏小的鼠类，体长 6.5~11.7 厘米，尾长 5~10.7 厘米。耳壳短，前折不能抵达眼部。背部中央有一条黑色纵纹，尾毛稀疏，皮肤鳞清晰可见。体背灰棕色，略带黄色，腹面灰白色，背腹面毛色界限明显。

生活习性：栖息地环境多样，冬季时可进入民宅，存在较高传播疾病风险。杂食性，以植物性食物为主，常在农田附近盗食农作物种子。

啮齿目 鼠科

中华姬鼠

拼音：zhōng huá jī shǔ　　学名：*Apodemus draco*　　英文名：South China Field Mouse

刘全生 / 摄

生物学特性：中等体型的鼠类，偏瘦长。体长 8~16 厘米，尾长 8~12.5 厘米。耳长，前折可达眼部。体背毛基灰黑色，毛尖棕黄色，杂有较硬的针毛，其毛基为灰白色，腹部毛基灰色，毛尖白色，整体为灰白色，背腹毛对比明显，尾毛腹面为棕黄色。

生活习性：主要栖居于森林地带，是常见的林栖鼠类。以嫩枝叶、种子等植物性食物为食，偶尔取食昆虫。

啮齿目 鼠科

小家鼠

拼音：xiǎo jiā shǔ　学名：*Mus musculus*　英文名：House Mouse

邹波 / 摄

生物学特性： 体型较小的鼠类，体重 12~20 克，体长 6~9 厘米，尾长稍微短于体长。体背毛色为灰褐或灰黑色，腹毛为灰白色，尾毛稀疏，可见皮肤。上颌门齿内侧有一个直角形的缺刻。

生活习性： 小家鼠是人类伴生物种，栖息于居民生活区及其附近。杂食性，主要以植物嫩芽、种子为食，也吃昆虫、农作物种子。

啮齿目 仓鼠科

黑线仓鼠

拼音：hēi xiàn cāng shǔ　　学名：*Cricetulus barabensis*　　英文名：Striped Dwarf Haster

刘全生 / 摄

鲍伟东 / 摄

生物学特性：体长 8~12 厘米。耳短圆，具白色毛边，耳长 1.4~1.7 厘米。尾短小，约为体长的 1/4，口腔内有发达的颊囊。背部黄褐色，从头顶到尾基部有一条黑色纵纹，颏部至腹部、四肢内侧、尾下部均为灰白色，背腹部毛色界限明显。臼齿表面为两行对称的齿突。

生活习性：栖息环境广泛，尤喜栖息在砂质土壤中。目前种群数量较为稀少。主要以农作物种子为食，也吃昆虫。

啮齿目 仓鼠科

大仓鼠

拼音：dà cāng shǔ　　学名：*Tscherskia triton*　　英文名：Greater Long-tailed Hamster

刘全生 / 摄

生物学特性：体型较大的鼠类，体长 14~20 厘米。具颊囊，头钝圆，耳缘有白色窄边，尾偏短，长度不超过体长的 50%。背部毛色整体为深灰色，体侧稍淡，腹面与前后肢的内侧均为白色，尾毛为均一的暗灰色，但尾尖为白色。牙齿结构与黑线仓鼠类似，差异为上颌第三臼齿仅具 3 个齿突。

生活习性：栖居于干燥、土壤疏松的旷野。食性杂，取食各类植物种子、植物嫩叶和昆虫，尤其喜欢吃农作物种子。秋季使用颊囊搬运植物种子，贮存于洞穴过冬。不冬眠，偶尔外出活动。

啮齿目 仓鼠科

棕背䶄

拼音：zōng bèi píng　　**学名**：*Craseomys rufocanus*　　**英文名**：Gray Red-backed Vole

马志红 / 摄

生物学特性：体型短粗，体长约 10 厘米。尾长为体长的 30% 左右，耳壳稍显露于毛外。吻端至眼先为灰褐色，前额、颈部、背部毛基灰黑色，毛尖棕红色，体侧灰黄色，腹毛污白色。臼齿侧面凹陷显著，形成表面封闭的三角形。

生活习性：栖息于各类林地环境，在高海拔区域常见。杂食性，主要以植物嫩叶、种子为食，也捕食其他小型动物和昆虫，冬季则爬上树梢取食嫩枝条。

啮齿目 鼹型鼠科

中华鼢鼠

拼音：zhōng huá fén shǔ　　学名：*Eospalax fontanierii*　　英文名：Common Chinese Zokor

邹波 / 摄

生物学特性：体长15~27厘米，眼小，耳壳短，几乎不可见，鼻端平钝。前额中央有一块大小不定、形状不一的白色斑点。四肢短，前足趾爪发达，第2、3趾爪近等长，呈镰刀型。背部毛尖锈红色，毛基灰褐色，整体显棕色，腹毛灰棕色。尾较短，尾毛稀疏，显污白色。

生活习性：中华鼢鼠为地下生活种类，以地下茎和块根等植物性食物为食，只有在更换栖息地时才到地面上来。挖洞时把多余的土推到地面，形成一个个土堆，俗称鼢鼠丘。

灵长目 猴科

猕猴

国家二级重点保护野生动物

拼音：mí hóu　　学名：*Macaca mulatta*　　英文名：Rhesus Macaque

宋会强 / 摄

鲍伟东 / 摄

宋会强 / 摄

生物学特性： 体型偏小的猕猴属动物，面盘为肉红色，身体后背上半部灰黄色，下半部棕黄色，腹部浅灰色，臀斑红色，尾长为体长的一半。

生活习性： 栖息于山地林区，集群生活，杂食性，时常到村落附近觅食。

食肉目 犬科

貉

国家二级重点保护野生动物

拼音：hé　　学名：*Nyctereutes procyonoides*　　英文名：Racoon Dog

密云区园林绿化局 / 提供

宋大昭 / 摄

密云区园林绿化局 / 提供

生物学特性：体长 45~65 厘米，四肢较短。口吻和面额灰白色，眼下至两颊黑色，腮部毛长。体背毛灰棕色，带有黑色毛尖，尾毛蓬松，末端黑色。前胸与四肢黑色。

生活习性：栖息于山地林区、山涧、丘陵及靠近溪流的平原、疏林等多种生境。杂食性动物。每年 2~3 月发情交配，每胎产仔 5~12 只，双亲共同育幼，不冬眠。

食肉目 犬科

赤狐

国家二级重点保护野生动物

拼音：chì hú　　学名：*Vulpes vulpes*　　英文名：Red Fox

宋会强 / 摄

宋会强 / 摄

宋会强 / 摄

鲍伟东 / 摄

生物学特性： 体长约 80 厘米。体型细长，吻尖，耳大，尾长略超过体长之半。头、背棕灰色或棕红色，耳背黑褐色，腹部白色或黄白色，尾毛蓬松，尖端白色，四肢外侧黑色条纹延伸至足面。足掌生有浓密短毛，具尾腺，能施放奇特臭味。

生活习性： 栖息于各类环境，时常单独活动，夜行性，但在冬季于白天活动。捕食各种小动物，也吃野果、农作物。

食肉目 鼬科

黄鼬

北京市重点保护野生动物

拼音：huáng yòu　　学名：*Mustela sibirica*　　英文名：Siberian Weasel

宋会强 / 摄

宋会强 / 摄

宋会强 / 摄

郑伯利 / 摄

生物学特性： 体长25~39厘米，雌性小于雄性1/3。体形细长，颈长、头小、四肢短。背部毛暗棕黄色，吻端、额部和颜面暗褐色，鼻端和口角白色。身体腹面淡褐色，尾部、四肢与背部同色。尾长约为体长之半，尾毛蓬松。夏毛颜色较深，冬毛色浅淡而带光泽。肛门腺发达。

生活习性： 栖息于各类环境，主要捕食小鸟、鼠类，也吃昆虫、蛙、蟾蜍、蜥蜴、植物果实等。

食肉目 鼬科

亚洲狗獾

北京市重点保护野生动物

拼音： yà zhōu gǒu huān　**学名：** *Meles leucurus*　**英文名：** Asian Badger

密云区园林绿化局 / 提供

贺建华 / 摄

密云区园林绿化局 / 提供

生物学特性： 体长 50~70 厘米。体型粗实肥大，四肢短，耳壳短圆，边缘白色。眼小鼻尖，颈部粗短，鼻梁中央及颊两侧有白色条纹，具有宽阔的黑色过眼纹。脊背从头到尾黑棕色与白色混杂，有长而粗的针毛，鼻端圆钝，具有发达的软骨质鼻垫。前胸、四肢黑色，尾白色。

生活习性： 栖息于各类环境，依靠灵敏的嗅觉，拱食各种植物的根茎，也吃蚯蚓和昆虫幼虫、青蛙、老鼠，甚至吃动物腐尸。

食肉目 鼬科

猪獾

北京市重点保护野生动物

拼音：zhū huān　　学名：*Arctonyx collaris*　　英文名：Hog Badger

密云区园林绿化局 / 提供

密云区园林绿化局 / 提供

张德怀 / 摄

生物学特性： 体长 50~70 厘米。体型似狗獾，但下颌及喉白色，鼻垫与上唇间裸露无毛，吻端边界明显，与猪鼻类似。耳短圆，耳背及下缘棕黑色，耳上缘白色。身体前段灰白色，后段黑褐色，体侧及臀部杂有灰白色。颊部黑褐色条纹自吻端通过两眼延伸到耳后。从前额到额顶中央，有一条短宽的白色条纹，与颈后白色融合。两颊在眼下各具一条污白色条纹，但不达上唇边缘。尾白色。

生活习性： 栖息于各类环境，嗅觉灵敏，拱食各种植物的根茎、蚯蚓和昆虫幼虫，也吃青蛙、老鼠、鸟卵。

食肉目 林狸科

花面狸

北京市重点保护野生动物

拼音：huā miàn lí　　学名：*Paguma larvata*　　英文名：Masked Palm Civet

史洋 / 摄

生物学特性： 体长约 50 厘米。从鼻端向后至前背有一白色纵纹，眼后和眼下各具一块白斑，耳基至颈侧也有一道白纹。身上无任何其他条纹和斑点，均呈暗棕灰色，有些个体后颈部、前背为黑棕色。腹部灰白色，四足和尾端近黑色。四肢短小，尾巴粗壮有力，约占体长的 2/3。

生活习性： 栖息于林地、果园、农田环境，时常集家庭群活动，以野果为食，也捕食其他小动物。长尾在跳跃、攀登时能起平衡作用。御敌时，肛门部的臭腺能喷射出有特殊臭味的分泌物进行自卫。

食肉目 猫科

豹猫

国家二级重点保护野生动物

拼音：bào māo　　学名：*Prionailurus bengalensis*　　英文名：Leopard Cat

密云区园林绿化局 / 提供

密云区园林绿化局 / 提供

密云区园林绿化局 / 提供

生物学特性： 体长 40~70 厘米。体型似家猫，但比家猫大，从头部至肩部有四条黑褐色条纹（或为点斑），两眼内侧向上至额后各有一条白纹。耳背黑色，尖端有一块明显的白斑。全身背面体毛为棕黄色，布满不规则黑斑点。胸腹部白色，四肢内侧有黑色斑点。尾背有褐色斑点或半环，尾端黑色或暗灰色。

生活习性： 栖息于山林、丘陵地区。独栖或成对活动，多在夜间出来觅食、性情凶猛。食物主要为小动物，如鼠、兔、鸟、蛙等，也吃野果和植物叶子。年产一胎，一胎 2~4 仔。雌性单独育幼。

食肉目 猫科

豹

国家一级重点保护野生动物

拼音：bào　　学名：*Panthera pardus*　　英文名：Leopard

密云区园林绿化局 / 提供

密云区园林绿化局 / 提供

密云区园林绿化局 / 提供

生物学特性：体长 120~150 厘米，尾长为体长的 70%。面部、体背以黄褐色为基调，散布有中央黄色、外周黑色的环状斑，似古代的铜钱，因此得名金钱豹。下颏、前胸、腹部、四肢内侧为乳白色，带有黑色块斑，尾背有黑色斑点或半环，尾端毛色深黑，有白色窄环。

生活习性：栖息于深山区。多在夜间出来觅食，食物主要为有蹄类动物、野兔、雉鸡等，也吃野果和植物叶子。

鲸偶蹄目 猪科

野猪

北京市重点保护野生动物

拼音：yě zhū　　学名：*Sus scrofa*　　英文名：Wild Boar

密云区园林绿化局 / 提供

密云区园林绿化局 / 提供

密云区园林绿化局 / 提供

密云区园林绿化局 / 提供

生物学特性： 体长 150 厘米。体型较大的偶蹄动物，似家猪，但脸部较长，吻部较尖，犬齿发达呈獠牙状，腿脚短而强健，尾较短，全身被稀疏粗硬针毛，毛色为棕黑或黑色，夹杂有色斑，脊背鬃毛发达。幼年个体毛色棕黄，有不连续的白色点斑。

生活习性： 栖息于山地森林或灌丛，无固定巢穴，多于晨昏活动，成对或以家庭群活动，夏季喜在泥塘中打滚。杂食性，以植物枝叶、果实、根茎等为食，也吃啮齿类动物、蚯蚓及昆虫等。

鲸偶蹄目 鹿科

狍

北京市重点保护野生动物

拼音：páo　　学名：*Capreolus pygargus*　　英文名：Eastern Roe Deer

密云区园林绿化局 / 提供

宋会强 / 摄

密云区园林绿化局 / 提供

密云区园林绿化局 / 提供

生物学特性： 体长100~140厘米。尾短，长仅12~13厘米，雄性体型略大。鼻吻部黑色，裸出无毛。雄性具角，仅有三叉，无眉叉，在主干离基部约9厘米处分出前后二枝，前枝尖向上，后枝再分成二小枝，主干和角基部有一圈表面粗糙的节突。体毛棕黄色或灰黄色，夏季显棕黄色，臀部有明显的白色块斑，喉部灰白色。

生活习性： 栖息于山地森林，尤其以落叶林常见，采食各种野草、树叶、嫩枝、果实。雄狍初冬11月开始脱角，隆冬季节生绒，4~5月长成。雌狍每年8~9月交配，翌年6月初产羔。

中华斑羚

国家二级重点保护野生动物

拼音：zhōng huá bān líng　　学名：*Naemorhedus griseus*　　英文名：Chinese Goral

5d 鸟 / 摄

密云区园林绿化局 / 提供

密云区园林绿化局 / 提供

生物学特性： 体长 110~130 厘米。体型与山羊相似，不同的是下颌无胡须，具长尾，雌雄两性均具黑色角，角长 12~15 厘米，基部有环形棱。体毛一般为棕黑色，身体底绒灰色。在背中央自枕部、颈部一直到尾有一条黑褐色纵带。喉部及四肢远端（前肢、小腿）黄白色。

生活习性： 栖息于林区有裸岩的山地，常单独或母子相伴活动。食物主要是青草，也吃野果。每年产仔一次，一胎 1~2 只。

蒙古兔

拼音：méng gǔ tù 　　学名：*Lepus tolai* 　　英文名：Tolai Hare

宋会强 / 摄

宋会强 / 摄

贺建华 / 摄

生物学特性： 体长约 45 厘米。尾长约 9 厘米，为中国野兔中尾最长的一个种类。体背面为黄褐色至赤褐色，体侧面近腹处为棕黄色，腹面白色，耳尖外侧黑色，眼周围有白色窄圈。尾的背面为黑色，两侧及下面白色。足背面土黄色。

生活习性： 栖息于林间草地、灌丛以及土壤疏松易于挖掘洞穴或者有乱石缝隙的区域。取食各类植物性食物，冬季会啃噬树苗和树根，造成一定危害。

玉斑锦蛇 张路杨/摄

第三篇
密云两栖爬行类动物资源

密云两栖爬行类动物资源概况

一、两栖爬行类动物区系及生态类群

密云目前已记录两栖动物 5 种，隶属于 1 目 3 科；记录爬行动物 21 种，隶属于 2 目 8 科，其中龟鳖类 1 种、蜥蜴类 5 种、蛇类 15 种。全区分布中华特有种 5 种，分别为黄纹石龙子（*Plestiodon capito*）、宁波滑蜥（*Scincella modesta*）、无蹼壁虎（*Gekko swinhonis*）、刘氏白环蛇（*Lycodon liuchengchaoi*）、赤峰锦蛇（*Elaphe anomala*）。综合北京市两栖爬行动物多样性的整体情况，密云两栖爬行动物的物种多样性较高，物种组成表现为以古北界物种为主，广布种及东洋界物种兼有的情况。

现生滑体两栖动物的特点为皮肤光滑裸露，体表分布腺体众多，卵生或卵胎生，多数在水中或湿润环境中产卵，其幼体发育为成体需要经历有外鳃的变态过程。现生滑体两栖动物分为蚓螈目、有尾目（蝾螈类）及无尾目（蛙类和蟾蜍类）三大类，密云分布的 5 种两栖动物皆为无尾目，即蛙类和蟾蜍类。这些动物皆表现为古北界类型，其中最常见的物种为中华蟾蜍（*Bufo gargarizans*）、中国林蛙（*Rana chensinensis*）及黑

斑侧褶蛙（*Pelophylax nigromaculatus*），上述三种动物在区内各种类型的湿地水岸生境都可见到。

龟鳖目动物的特点为长有甲壳，头和四肢可以缩入或不完全缩入甲壳中。密云区分布龟鳖类动物1种，即中华鳖（*Pelodiscus sinensis*），多见于大型湿地水库。

有鳞类爬行动物的特征是身体表面布满角质化的鳞片，躯干细长，卵生或卵胎生。有鳞类爬行动物在密云区有蜥蜴类及蛇类两个类群，其中蜥蜴类动物在密云区较常见的为山地麻蜥（*Eremias brenchleyi*），多见于山地区域，无蹼壁虎（*Gekko swinhonis*）则多见于城镇村庄等近人生境中。密云区蛇类多样性较高，15种蛇类中较为常见的为白条锦蛇（*Elaphe dione*），全区平原山地皆有分布，而虎斑颈槽蛇（*Rhabdophis tigrinus*）则常见于湿地水岸等生境，其余蛇类多见于山区。

二、密云两栖爬行动物调查研究与保护情况

密云两栖爬行动物的调查活动开展较早，且一直持续。在我国两栖爬行动物学奠基人刘承钊院士的早期著作《北方两栖爬行动物手册》（1932）中记述的标本采集地有多个在密云境内。2021年北京市最新记录的两栖爬行动物——刘氏白环蛇，其首次发现的标本采集地即位于密云雾灵山国家级自然保护区。密云于2021年公布了野生动物名录，同时相关部门开展了许多野生动物栖息地保护工作，包括建立野生动物资源调查网络、设置栖息地保护小区、向公众宣讲野生动物保护知识与法规等工作。

无尾目 蟾蜍科

中华蟾蜍

拼音：zhōng huá chán chú **学名**：*Bufo gargarizans* **英文名**：West China Toad

张路杨 / 摄

史洋 / 摄

张路杨 / 摄

生物学特性：大型的蟾蜍类动物，雌性体长可能超过 12 厘米，雄性略小，体长也可超过 10 厘米。头宽，且长于头的长度，鼓膜近圆形，眼后有显著的长圆形耳后腺。皮肤粗糙，背部布满大小不等的圆形瘰粒。体色变异较大，一般为体背棕褐色或黑褐色，部分雌性为棕红色或棕黄色。体侧有明显或不明显的黑褐色纵行条纹。腹面乳白色或乳黄色，有棕色或黑色花纹。雄性内侧三指有黑色刺状婚垫。

生活习性：栖息于近水的各种生境中，晨昏及夜间活动，白天藏匿于泥洞、石下等湿润环境中，日落后开始外出活动，四处捕食昆虫、蚯蚓或其他小型动物，密云每年 4 月中下旬出蛰，9 月中下旬逐渐进入冬眠状态。出蛰后即于静水塘中交配产卵，卵呈双行或四行交错排列于管状卵带内，卵带缠绕于水草或水下石上。蝌蚪在静水塘内成群生活，从产卵发育至幼体登陆约需 60 天。

分布：广泛分布于密云各种近水的生境中，平原地区发现于河道、水塘及近水田野，山区发现于近水溪流处。

花背蟾蜍 北京市重点保护野生动物

拼音：huā bèi chán chú　　**学名**：*Strauchbufo raddei*　　**英文名**：Piebald Toad

张路杨 / 摄　　　　　　　　　　　　　　　　　　　　　　张路杨 / 摄

生物学特性：中型的蟾蜍类动物，体长 5~6 厘米。头宽，且长于头的长度，鼓膜椭圆形，耳后腺大且扁平。皮肤粗糙，头部及体背密布瘰粒，雌性瘰粒数量较雄性少。背面多为橄榄黄色、灰棕色及黄绿色，雌蟾体色更浅且斑纹颜色对比较雄性不明显。腹面乳白色或乳黄色，少数有褐色斑点。雄性内侧三趾有黑色刺状婚垫。

生活习性：栖息于近水的平原林地及水岸，多见于砂质土地，少见于多石山区。日常栖息于土洞中，晨昏活动，捕食各种地面栖昆虫。每年 3 月中下旬出蛰，9 月中下旬至 10 月中上旬开始冬眠。花背蟾蜍的繁殖期在每年的 4 月中下旬，卵产于河岸静水塘或池塘内。卵 2~3 行交错排列在胶质管状卵带内，蝌蚪生活于静水水域，从产卵至幼体登陆约 80 天。

分布：分布于平原地区近河流及湖泊的水岸湿地，少见于多石水岸。密云分布于南部，与顺义区交界地带。

中国林蛙

拼音：zhōng guó lín wā　　学名：*Rana chensinensis*　　英文名：Chinese Brown Frog

马志红 / 摄

张路杨 / 摄

张路杨 / 摄

生物学特性： 中型的蛙类动物，成体体长约 5 厘米。体型细长，头扁平，头的长宽几乎相等，吻端钝圆且宽。鼓膜圆形，约为眼大小的一半。皮肤光滑，体侧有小瘰粒。体色因性别及季节变异较大，春季出蛰及繁殖时体色较深，部分个体深棕色或棕黑色，其他时间体色为黄褐色或土黄色，部分散布黄色或红色斑点。两眼间有一道黑色斑纹，部分个体眼后有黑斑。体后端股内侧黄绿色，股外侧肉红色。雄性第一趾有明显的灰白色婚垫。

生活习性： 山区常见蛙类，栖息于植被较好的山区或浅山区的溪流、水塘附近。每年 3 月中下旬出蛰繁殖，卵呈团状。蝌蚪生活于溪流的缓流区或水塘静水区，约 30 天由卵发育为登陆幼体。产卵后的成蛙离开溪流，在水源附近 1 千米的范围内活动，捕食各种昆虫。9 月中下旬至 10 月中下旬开始冬眠。

分布： 广泛分布于密云各山区及浅山区，与浅山区相近的平原地区偶见。

无尾目 蛙科

黑斑侧褶蛙

拼音：hēi bān cè zhé wā　　学名：*Pelophylax nigromaculatus*　　英文名：Black-spotted Frog

鲍伟东 / 摄

廉士杰 / 摄

生物学特性： 中大型蛙类，大部分体长 6~8 厘米，部分个体可接近 10 厘米，雌性一般大于雄性。头长大于头宽，吻略尖，鼓膜圆形且大，为眼大小的 70%~80%。体表皮肤粗糙，体背两侧具两道明显的背侧褶，背侧褶间有长短不一的皮肤棱，体腹面与四肢腹面皮肤光滑。体色多变，大多数为暗绿色、黄褐色、灰褐色或绿褐色相间的斑纹，有的个体吻端至肛有绿色或浅绿色脊线，体腹面为白色或肉色。雄性第一趾有灰色婚垫。

生活习性： 是平原地区较为常见的蛙类，活跃于植被较好的河流、湖泊或池塘水岸。多数于晨昏活动，偶见白天活动于树荫下或芦苇丛内。跳跃能力强，受惊后即奋力跃入水中。捕食各种昆虫及小型节肢动物。每年 4 月中旬出蛰繁殖，产卵于水岸静水处，卵为卵团状，蝌蚪营静水或缓流栖。每年 9 月下旬至 10 月上旬开始冬眠，地点多选择水岸潮湿的泥穴或落叶堆下。

分布： 主要分布于密云近河流及湖泊池塘及水岸植物丰富的平原地区。

无尾目 姬蛙科

北方狭口蛙 北京市重点保护野生动物

拼音：běi fāng xiá kǒu wā　学名：*Kaloula borealis*　英文名：Boreal Digging Frog

何超 / 摄

生物学特性： 中小型蛙类，体长 3~4 厘米。头宽大于头长，吻短且圆，口小。鼓膜隐蔽。皮肤较为平滑，体背有细小的瘰粒。体色多为橄榄绿色或灰绿色，靠近体侧逐渐分布有黑灰色斑纹。

生活习性： 广泛分布但较为罕见的蛙类。北方狭口蛙营洞穴栖，白天多栖息于石洞或土洞内，善掘洞但不善跳跃，多爬行前进，可攀树干。夜间活动，对光线较为敏感，以各种小型昆虫为食。产卵时间为每年 7 月的雨季。在下过暴雨的夜间，雄性北方狭口蛙于产卵场内发出极洪亮且低沉的"阿、阿"的单音鸣叫声，传音较远。雌雄抱对产卵于暴雨后的小型积水坑或小水洼内，卵的外胶膜有圆盘帽状的漂浮器，聚群漂浮于水上。卵在短时间内发育为蝌蚪，由蝌蚪发育为登陆幼蛙仅需两周时间，登陆后即藏匿起来。

分布： 点状分布于密云全区。

龟鳖目 鳖科

中华鳖

拼音：zhōng huá biē **学名**：*Pelodiscus sinensis* **英文名**：Chinese Soft Turtle

张路杨 / 摄

生物学特性：中型的龟鳖类动物，背甲长 20~30 厘米。体背呈椭圆形，腹背均具甲，甲壳被软的革状皮肤包裹。吻尖且长，延长呈管状，鼻孔位于吻最前端。眼小，位于鼻孔后方两侧。颈长，可伸缩于甲壳中。背面褐绿色或灰绿色，腹面白色。四肢短小，指端具爪。甲壳周边具柔软的胼胝体，尾短小。

生活习性：栖息于大型水体的静水区，全天可活动。每年 4 月中旬出蛰，于夏季晴朗时在水岸或水中枯木、岩石上晒背以提高体温，其他时间多于水体中下层活动。中华鳖主要以各类鱼虾及水生动物为食，觅食方式以伏击捕食为主，但在食物短缺时会主动外出觅食。夏季栖息于水底泥沙中，脖颈部露出泥沙外捕食猎物。夏初于水中完成交配，雌性到近水的砂土质水岸产卵，每个繁殖季可多次产卵，多者达数十枚。卵经 50 天左右孵化，幼鳖随即潜入水中生活。

分布：广泛分布于密云各中大型水体，包括密云水库及河流入库河段、大型池塘或鱼塘即大型河流的缓流区。

有鳞目 石龙子科

黄纹石龙子 北京市重点保护野生动物

拼音：huáng wén shí lóng zǐ　　学名：*Plestiodon capito*　　英文名：Gail's Eyelid Skink

宋会强 / 摄

张路杨 / 摄

张路杨 / 摄

生物学特性： 中型石龙子类蜥蜴，体长近10厘米，尾长与体长相近或略长。体背棕褐色，体两侧有两条自头后贯穿至尾基部的黑色粗纹，到尾部逐渐消失。雄性下颌在夏季呈艳红色。头大且无颈，四肢短小，尾粗且长。

生活习性： 每年5月上旬出蛰活动，日间或晨昏捕食各类昆虫及小型节肢动物，行动迅速且警觉，一旦遇到危险即迅速钻入土洞或落叶丛中躲避。

分布： 主要分布于密云中低山区植被较好的林缘地带，活跃于多石山地及林缘落叶层中。

有鳞目 石龙子科

宁波滑蜥　　北京市重点保护野生动物

拼音： níng bō huá xī　　**学名：** *Scincella modesta*　　**英文名：** Modest Ground Skink

马志红 / 摄

孙月华 / 摄

马志红 / 摄

生物学特性： 小型的石龙子类蜥蜴，体小且细长，没有明显的头颈部，四肢短小，尾长约是体长的 1.5 倍。下眼睑具有透明的睑窗。体色多为棕褐色，体两侧有黑色粗纹，自后颈至尾基部，在尾部逐渐消散。

生活习性： 栖息于植被较好的山林及林缘地带，主要营洞穴栖。其洞穴在落叶层覆盖的坡度较大且向阳的土坡上。每年 4 月中下旬至 5 月上旬出蛰活动，捕食各种小型节肢动物，晨昏活动。宁波滑蜥具有典型石龙子类动物的警觉性，在受到惊扰时迅速躲入落叶层或土洞内。每年 9 月中下旬开始冬眠。

分布： 分布于密云中低山区植被较好的山林及林缘地区。

有鳞目 壁虎科

无蹼壁虎

拼音：wú pǔ bì hǔ　　学名：*Gekko swinhonis*　　英文名：Peking Gecko

唐书培 / 提供

张路杨 / 提供

生物学特性： 小型的壁虎类蜥蜴，体长约 10 厘米。头及体背具细的颗粒状鳞片，无活动的眼睑，耳孔小而呈圆形。身体扁平，指间无蹼，趾的末端有 5~8 个攀缘瓣。体色一般以灰色和灰褐色为主，有零星杂斑，腹面肉色或白色。

生活习性： 从平原地区的人类活动区到多石山区都可以见到无蹼壁虎。无蹼壁虎的攀缘瓣使其可以轻松攀爬垂直立面，使其可以轻松攀爬垂直立面。昼伏夜出，白天在石缝或墙体中躲藏，日落后外出觅食。在城镇或乡村地区，无蹼壁虎多见于户外路灯下的墙壁上，偶有入室的个体，在山区无蹼壁虎多见于石壁或林缘的树木上。每年 4 月中下旬出蛰活动，9 月中下旬逐渐进入冬眠。

分布： 广泛分布于密云中低山地及平原地区。

有鳞目 蜥蜴科

山地麻蜥

拼音: shān dì má xī **学名:** *Eremias brenchleyi* **英文名:** Ordos Racerunner

张路杨 / 摄

张路杨 / 摄

生物学特性: 小型的蜥蜴类动物,体背棕黄色或土褐色,散布有浅色的圆点,腹面白色或乳白色。体细长,尾长约是体长的 1.5 倍。体背密布颗粒状鳞片,腹面大鳞每行 4~12 枚。

生活习性: 每年 4 月中下旬出蛰,在晴朗的白天由洞内钻出,在裸露的岩石上晒背提高体温,体温升高后开始捕食各类节肢动物,以蜂、蝇等飞虫类为主。山地麻蜥行动迅速,对周边环境变化非常敏感,稍有响动即迅速逃入洞中躲避。遭遇捕食者捕捉时会断尾求生,离体断尾在短时间内可不断摆动以吸引捕食者注意力。初秋活动频繁,在落叶层等处觅食蝼蛄或蚂蚁,大量补充能量,9 月下旬开始冬眠。

分布: 分布于密云区内多石多灌木丛的低山地区。

有鳞目 蜥蜴科

丽斑麻蜥

拼音：lì bān má xī　　学名：*Eremias argus*　　英文名：Mongolia Racerunner

史静耸 / 摄

史静耸 / 摄

生物学特性： 小型蜥蜴类动物，体长约 5 厘米，尾长 5~7 厘米。体背黄褐色或土黄色，具大且鲜艳的对称眼斑，其圆心黄色，周圈棕褐色。腹面乳黄色或乳白色。雄性的体侧面常有浅红色纹饰。

生活习性： 栖息于多裸露山石及灌丛的低山地区，在与山区交界的平原地区亦偶尔可见。每年 4 月中下旬出蛰，活跃于灌木与裸石生境。丽斑麻蜥行动迅速，具有典型的麻蜥属警觉性，活动时稍受惊扰即迅速逃入洞中或躲入灌丛、草丛之中。主要捕食直翅目及鳞翅目昆虫，亦捕食鞘翅目昆虫。每年 9 月下旬开始冬眠，冬眠地点多选择多山石的阳坡。

分布： 分布于密云多石多灌木丛的低山地区。

乌梢蛇

北京市重点保护野生动物

拼音：wū shāo shé　　学名：*Ptyas dhumnades*　　英文名：Big-eye Rat Snake

史静耸 / 摄

宋会强 / 摄

宋会强 / 摄

生物学特性： 中大型游蛇，成体体长超过 1.5 米。幼体褐黄色，有数条贯穿的黑色直纹，自颈后延伸至尾尖。成体黑褐色或灰褐绿色。体细长且眼大，体背正中有隆起的脊。

生活习性： 栖息于植被较好的低山区，在近水源及溪流处活动。每年 5 月上旬出蛰，日间或晨昏活动，在近水的草丛或灌木丛中捕食各种蛙类及蟾蜍。乌梢蛇行动敏捷，受到惊扰后会快速向前窜并寻找躲避物，较少进洞而更多向灌木丛或水中躲避。遭遇捕食者时，会从臭腺释放臭液进行防御。每年 9 月中下旬开始冬眠，冬眠洞穴选择在近水山地的阳坡土洞中。

分布： 分布于密云山区的近水溪流及低山地区。

有鳞目 游蛇科

黑背白环蛇　北京市重点保护野生动物

拼音：hēi bèi bái huán shé　学名：*Lycodon ruhstrati*　英文名：Mountain Wolf Snake

史静耸 / 摄

生物学特性： 小型游蛇，体长一般不超过 50 厘米。头颈部区分明显，体圆形且纤细。成体黑白相间，幼体为乳黄色及黑色相间。

生活习性： 黑背白环蛇是一种严格的夜行性蛇类，偶有晨昏活动的情况。成体以小型蜥蜴类如滑蜥或壁虎的幼体为食，也吃林蛙和蟾蜍的幼体，间以小型的环节动物或节肢动物为食。在近水源的林缘下落叶层中可以见到，亦在多石山地可见。

分布： 点状分布于密云中海拔山区，多在林缘及近水的地区分布。

有鳞目 游蛇科

赤链蛇

拼音: chì liàn shé **学名:** *Lycodon rufozonatus* **英文名:** Red-banded Snake

张路杨 / 摄

张德怀 / 摄　　　　　　　　　　　　　　　张路杨 / 摄

生物学特性: 中型游蛇,但与北京西部如海淀、房山或大兴等平原地区的个体不同,密云地区的山区赤链蛇往往个体较小,单次产卵超过10枚的成熟雌性体长也可能不足80厘米。身体匀称且壮实,头扁且头颈明显。体背为红黑相间的花纹。
生活习性: 多见于山地林缘地区,且有较强的夜行性,偶尔晨昏活动。以山间的各种小型动物,如林蛙、蟾蜍、蜥蜴、石龙子及啮齿类,甚至中等体型的节肢动物为食。
分布: 分布于密云近低山的平原和中低山区,并不完全依赖近水源生境生活,如云蒙山周边。

有鳞目 游蛇科

刘氏白环蛇 北京市重点保护野生动物

拼音：liú shì bái huán shé 学名：*Lycodon liuchengchaoi* 英文名：Liuchengchao's Wolf Snake

张路杨 / 摄

生物学特性： 小型游蛇，其体长往往不超过 50 厘米。头颈部区分明显，体圆形且纤细。成体红黑色相间，幼体为橘黄色及黑色相间。

生活习性： 北京地区最新记录的蛇类物种，是其目前分布的最北限。栖息于近水的中海拔林缘山区，以林蛙、蟾蜍及小型蜥蜴类的幼体为食。

分布： 分布于密云中低海拔山区。

有鳞目 游蛇科

黄脊游蛇

拼音：huáng jǐ yóu shé **学名**：*Orientocoluber spinalis* **英文名**：Slender Racer

史静耸 / 摄

生物学特性：小型游蛇。体细长，体长不超过 1 米。眼大且头颈区分明显，瞳孔为圆形，体背为棕褐色或灰褐色，体背正中有一条自顶鳞延伸至尾尖的明黄白色饰纹。

生活习性：栖息于多石山地及灌丛，行动迅速敏捷，为日行性蛇类。主要食物是各种日行性的蜥蜴类动物，包括麻蜥及晨昏活动的石龙子。在麻蜥活跃的晴朗日间，黄脊游蛇亦较为活跃。相较于其他捕食蛙类的蛇类，黄脊游蛇的生境更为远离水源。

分布：分布于密云中低海拔的多石山地。

有鳞目 游蛇科

团花锦蛇　　国家二级重点野生保护动物

拼音：tuán huā jǐn shé　　学名：*Elaphe davidi*　　英文名：Pere David's Rat Snake

史静耸 / 摄

生物学特性： 中等体型的游蛇类，体长约 1 米。体粗壮且有力，头颈区分明显，瞳孔为圆形，鳞片起棱。体色为浅灰色，体背正中有一列深灰色或深灰褐色的圆斑，体两侧在接近腹鳞的背鳞上有一列稍小的、与体背圆斑颜色相同的深灰色圆斑。

生活习性： 栖息于干燥多石山地，在长城遗迹等多石生境中常见，但在其他近水生境中少见。以各种小型鸟类，如雀形目雏鸟为食，亦捕食小型哺乳类动物，是一种日间活动的蛇类。其花纹与短尾蝮近似。

分布： 分布于密云中低海拔的多石山地。

赤峰锦蛇

拼音：chì fēng jǐn shé　　**学名**：*Elaphe anomala*　　**英文名**：Chifeng Rat Snake

史静耸 / 摄

张德怀 / 摄

贺建华 / 摄

生物学特性：中大型蛇类，密云分布的成年个体体长通常超过 1 米，体粗壮，身体前半段体背灰褐色、灰黑色或棕黑色，身体后半段呈黑黄相间的"虎纹"状斑纹。赤峰锦蛇是一种幼体与成体不同花纹的蛇类，初生幼体棕灰或灰褐色，略均匀分布着深色花纹，之后逐渐至三岁龄时转变为成体花纹。

生活习性：主要以鸟类和啮齿类动物为食，是一种日行性蛇类。每年 5 月中下旬出蛰，上午可能选择在有阳光照射的石板、树干或木桩上晒热身体，之后开始活动捕食。喜盘踞于树干上寻找鸟窝，以食鸟蛋及幼鸟，也捕食松鼠等。在炎热的夏季也会在夜间活动。交配繁殖期在每年的 5~6 月，多数雌性个体产蛋 10 枚左右，幼蛇于产卵后两个月出壳。至 10 月上中旬开始逐渐入蛰，选择在阳坡或向阳面的洞穴石缝中冬眠。在北京地区分布的中大型蛇类中性格较平和，受到惊扰刺激后多数情况下会选择逃走，同时以肛腺释放刺激性分泌物。

分布：分布于密云中低海拔的浅山地区。

有鳞目 游蛇科

白条锦蛇

拼音：bái tiáo jǐn shé　　**学名**：*Elaphe dione*　　**英文名**：Steppes Ratsnakes

王小荷 / 摄

生物学特性：中等体型的无毒蛇类，大多数日常可见的个体体长 50~80 厘米，较少有个体超过 1 米。瞳孔圆形，头颈部区分明显。白条锦蛇体背黄褐色、棕褐色或灰褐色，自头背至尾部有对称的深褐色小碎斑。

生活习性：典型的食鼠蛇类，其成体主要以啮齿类动物为食，也食小型鸟类或鸟蛋。属于日行性蛇类，每年 5 月中下旬出蛰，上午可能选择在有阳光照射的石板、水泥台阶或木桩上晒热身体，之后开始活动捕食。其捕食活动可能一直持续到日落，在夏季非常炎热的情况下，也偶见于夜间活动。交配繁殖期在每年的 5~6 月，多数雌性个体产蛋 5~8 枚，少数产卵可达 10 枚以上，幼蛇于产卵后 30 天左右出壳。10 月上中旬开始逐渐入蛰，选择在阳坡或向阳面的洞穴石缝中冬眠。白条锦蛇是一种无毒蛇类，其行动速度适中，遇打扰刺激后不会快速逃走，也不会做非常激烈的扑咬动作，如果刺激不再持续会选择缓慢逃走。

分布：在密云广泛分布。

有鳞目 游蛇科

玉斑锦蛇 北京市重点保护野生动物

拼音：yù bān jǐn shé　　学名：*Euprepiophis mandarinus*　　英文名：Mandarin Rat Snakes

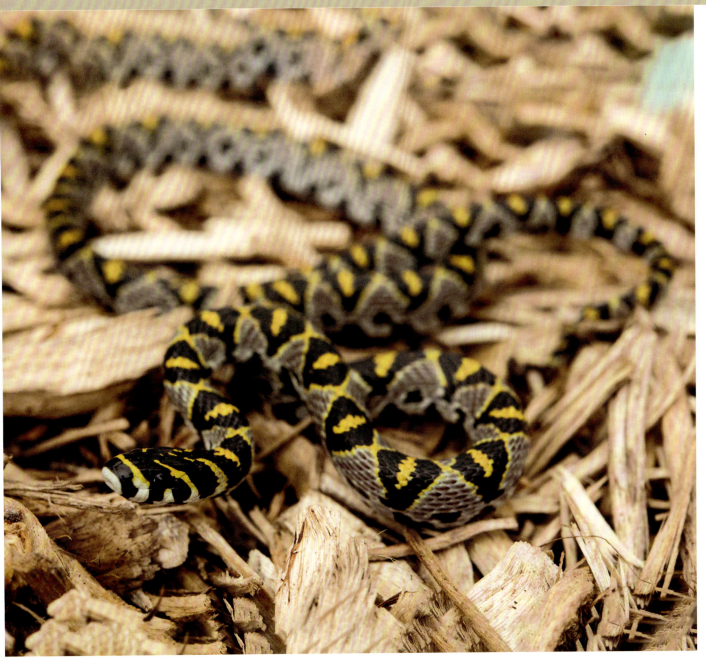

张路杨 / 摄

生物学特性： 中小型的无毒蛇类，成体 70~80 厘米。体背灰色或棕灰色，具有黑色菱形大块斑，块斑的中央及边缘为黄色。蛇体艳丽，较难与其他同区域分布蛇类混淆。

生活习性： 典型的夜行性洞穴栖蛇类，几乎完全在夜间活动，夏季偶有晨昏活动。白天栖息于洞穴内，夜晚在地表游走觅食。主要以小型啮齿类及食虫目动物为食，在夏季追寻气味至其洞穴，专门捕食鼠类或鼩鼱的幼体。作为小型无毒蛇类，玉斑锦蛇在受到刺激后偶有扑咬等动作，多数情况下会迅速逃窜并匿藏。

分布： 分布于密云植被较好的中低山林缘区域。

有鳞目 游蛇科

王锦蛇

北京市重点保护野生动物

拼音：wáng jǐn shé　　学名：*Elaphe carinata*　　英文名：Stink Snake

张德怀 / 摄

生物学特性： 中大型蛇类，体色为灰黑色或棕黑色，间有白色斑点，成体体长超过 1.5 米且较壮硕。瞳孔圆形，头颈区分明显，鳞片起强棱。

生活习性： 日行性蛇类，主要捕食中小型鸟类、啮齿类及其他小型哺乳动物，亦捕食其他蛇类。无毒蛇类，受到惊扰刺激后会与捕食者对峙，有扑咬、摇动尾尖及呼气等剧烈行为，同时由肛腺释放极具刺激性气味的肛腺分泌物。

分布： 分布于密云植被较好的中低山林缘区域。

有鳞目 游蛇科

黑眉锦蛇   北京市重点保护野生动物

拼音：hēi méi jǐn shé   **学名**：*Elaphe taeniura*   **英文名**：Beauty Snake

张路杨 / 摄

生物学特性：中大型蛇类，密云分布的成年个体体长通常超过 1 米，体背黄色、橄榄黄色或黄绿色，杂有略对称的间白色杂点的黑色斑纹，身体后半段黑色斑纹渐消失，花纹体色转变为体侧黑色杂以白色斑点，体背正中黄绿色。头颈部分明，身体粗壮，鳞片光滑，瞳孔圆形。

生活习性：主要以鸟类和啮齿类动物为食，是一种日行性蛇类。每年 5 月中下旬出蛰，上午可能选择在有阳光照射的石板、树木树干或木桩上晒热身体，之后开始活动捕食。黑眉锦蛇的捕食方式较为主动，会游走在林间或树干上寻找食物，其捕食活动可能一直持续到日落。交配繁殖期在每年的 5~6 月，多数雌性个体产蛋 10 枚左右，幼蛇于产卵后两个月出壳。10 月上中旬开始逐渐入蛰，选择在阳坡或向阳面的洞穴石缝中冬眠。黑眉锦蛇是一种较为凶猛的无毒蛇类，遇到袭击刺激后会主动攻击，身体前半段紧缩成"S"状，张嘴喷气，进而扑咬袭击来源。在扑咬的同时黑眉锦蛇还会通过肛腺释放具刺激气味的分泌物以驱赶捕食者。多数个体不会选择长久与刺激来源进行对峙，在尝试数次扑咬后往往会选择快速逃走。

分布：分布于密云植被较好的山区与浅山区。

有鳞目 剑蛇科

黑头剑蛇　北京市重点保护野生动物

拼音: hēi tóu jiàn shé　　**学名:** *Sibynophis chinensis*　　**英文名:** Chinese Many-tooth Snake

史静耸 / 摄

张路杨 / 摄

生物学特性: 小型游蛇, 体长不超过60厘米。体细长, 头颈不分明, 瞳孔圆形, 鳞片光滑。体色以棕褐色为主, 头颈部黑灰色, 上唇鳞白色或灰白色。

生活习性: 在落叶层较厚的生境常见。行动敏捷, 晨昏活动, 专食石龙子类蜥蜴, 亦捕食麻蜥或壁虎。

分布: 分布于密云植被较好的中低山林缘区域。

虎斑颈槽蛇

拼音: hǔ bān jǐng cáo shé　　**学名:** *Rhabdophis tigrinus*　　**英文名:** Tiger Keelback

沐先运 / 摄

何超 / 摄

生物学特性: 具有后沟牙及后牙腺的中型蛇类,多数体长50~70厘米。身体前半段红黑色相间,后半段逐渐变成绿底色间有黑色杂点。其鲜艳的体色在区域内较难与其他蛇类相混淆。体细长,较容易区分头颈部,瞳孔圆形,鳞片起棱,行动敏捷。

生活习性: 日行性蛇类,在春秋季白天光照情况较好时活动,在夏季炎热时晨昏活动。6~8月交配产蛋,幼体约30天后出壳。10月中下旬开始逐渐入蛰,选在近水潮湿的洞穴内冬眠。以蛙类、小鱼及其他水栖动物为食。具有发达的后沟牙及后牙腺,其后牙腺分泌物具有强烈的抗血凝蛋白因子,当后沟牙刺入哺乳动物体内后可能会引起强烈的内出血反应。本种或本属蛇类在日本及东南亚国家有致人严重内出血的案例,本种在日本有咬伤后致人死亡的报道。虎斑颈槽蛇在受到惊扰刺激后会主动竖起其身体前部,展示其颈部红黑相间的警示色并主动扑咬,并会伺机快速逃走。

分布: 分布于密云平原及浅山区的近水区域。

有鳞目 蜂科

短尾蝮

北京市重点保护野生动物

拼音：duǎn wěi fù　　学名：*Gloydius brevicauda*　　英文名：Short-taileb Pit Viper

李超 / 摄

宋会强 / 摄

生物学特性：小型毒蛇，成体体长不超过 70 厘米，多数 30~50 厘米。体色为灰褐色或棕灰色，自头后至尾尖对称分布深色圆斑，眼后有细白眉纹且尾尖为浅绿色或浅橘黄色。体短小且粗壮，头颈部区分明显，瞳孔纺锤形，鳞片起棱。本种可能与区域内其他蛇类如团花锦蛇相混淆，因具有毒性需慎重。

生活习性：晨昏及夜间活动，但在阳光不十分强烈的白天多盘踞于石块、树木或台阶上。短尾蝮为卵胎生蛇类，初夏成体交配，雌蛇在 30~40 天后产下被卵膜包裹的幼蛇。低山地栖小型蛇类，以低山近水地区的蛙类、蜥蜴类、啮齿类动物为食，也捕食小型的地栖鸟类。短尾蝮为管牙毒蛇，上颌前部的毒腺经中空的管牙注入脊椎动物体内后，会快速造成创口皮肤肌肉组织的损伤，损伤严重者可能无法康复。北京多数的毒蛇咬伤都是由短尾蝮造成。短尾蝮受到惊扰刺激后会主动紧缩身体并突然向前弹射扑咬，持续地攻击捕食者，在人为惊扰刺激结束后，方逃逸游走至石缝或洞穴躲藏，有些体形大者甚至完全不逃避。

分布：分布于密云中低海拔浅山及多石山地。

有鳞目 蛇科

西伯利亚蝮

拼音：xī bó lì yà fù　　**学名**：*Gloydius halys*　　**英文名**：Halys Pit Viper

张路杨 / 摄

沐先运 / 摄

张路杨 / 摄

生物学特性：中小型毒蛇，成体体长不超过 70 厘米，多数在 50 厘米。体色为灰褐色，身体背部自颈部至尾尖有白色的对称或半对称横纹，眼后有细白眉纹，白眉纹下为较粗的黑纹。体短小且粗壮，头颈部区分明显，瞳孔纺锤形，鳞片起棱。本种可能与其他蛇类如团花锦蛇相混淆，因具有毒性需慎重。

生活习性：西伯利亚蝮以啮齿类动物为食，在天气晴好的白天会在平台状物，如倒伏横木、石台或水泥台阶上晒背以提高身体温度，同时搜寻路过的啮齿类动物，并追寻至其巢穴内捕食。管牙毒蛇，上颌前部的毒腺经中空的管牙注入脊椎动物体内后，会快速造成创口皮肤肌肉组织的损伤，损伤严重者可能无法康复。虽然西伯利亚蝮生活于高山区，但人若被其咬伤后可能因路途遥远耽误救治。西伯利亚蝮受到惊扰刺激后会主动紧缩身体并突然向前弹射扑咬，持续地攻击捕食者，在人为惊扰刺激结束后，方逃逸游走至石缝或洞穴躲藏，有些体形大者甚至完全不逃避。

分布：在密云分布于海拔高至 1000 米以上的山区。

参考文献

鲍伟东，李晓京，史阳，2005. 北京市三个区域食肉类动物食性的比较分析 [J]. 动物学研究（2）：118-122.

陈卫，高武，傅必谦，2002. 北京兽类志 [M]. 北京：北京出版社．

窦亚权，余红红，李娅，等，2019. 我国自然保护区人与野生动物冲突现状及管理建议 [J]. 野生动物学报，40（2）：491-496.

杜连海，王小平，陈峻崎，等，2012. 北京松山自然保护区综合科学考察报告 [M]. 北京：中国林业出版社．

范雅倩，杨婧，张洪亮，等，2020. 北京松山自然保护区中型捕食动物食物构成分析 [J]. 生物学杂志，37（1）：59-62.

高武，陈卫，傅必谦，1994. 北京脊椎动物检索表 [M]. 北京：北京出版社．

高武，陈卫，傅必谦，2004. 北京的两栖爬行动物研究 [J]. 绿化与生活（6）：45.

胡磊，刘润泽，曲宏，等，2013. 北京发现越冬黑头剑蛇 [J]. 动物学杂志，48（1）：136-138.

兰慧，金崑，2016. 红外相机技术在北京雾灵山自然保护区兽类资源调查中的应用 [J]. 兽类学报，36（3）：322-329.

刘芳，李迪强，吴记贵，等，2012. 利用红外相机调查北京松山国家级自然保护区的野生动物物种 [J]. 生态学报，32（3）：730-739.

栾晓峰，李迪强，李广良，2011. 北京云峰山自然保护区生物多样性及保护研究 [M]. 北京：中国大地出版社．

史静耸，杨登为，张武元，等，2016. 西伯利亚蝮—中介蝮复合种在中国的分布及其种下分类（蛇亚目：蝮亚科）[J]. 动物学杂志，51（5）：777–798.

宋福春，张香，张文林，等，2005. 北京雾灵山自然保护区冬季鸟类物种多样性调查 [J]. 动物学杂志，40（2）：50–54.

汤小明，张德怀，马志红，等，2016. 北京雾灵山自然保护区冬春季地面活动鸟兽红外相机初步调查 [J]. 动物学杂志，5：751-760.

王鸿媛，1994. 北京鱼类和两栖、爬行动物志 [M]. 北京：北京出版社．

王剀，任金龙，陈宏满，等，2020. 中国两栖、爬行动物更新名录 [J]. 生物多样性，28（2）：189-218.

王宁，郑光美，2005. 北京市爬行动物新纪录——黑背白环蛇 [J]. 四川动物，24

(4): 489.

魏辅文, 杨奇森, 吴毅, 等, 2021. 中国兽类名录（2021版）[J]. 兽类学报, 41（5）: 487-501.

邢韶华, 鲍伟东, 王清春, 等, 2013. 北京市雾灵山自然保护区综合科学考察报告 [M]. 北京: 中国林业出版社.

张博, 马亮, 李树然, 等, 2017. 北京及邻近地区蛇类存疑种分布及讨论 [J]. 四川动物, 36（4）: 474-478.

张德怀, 鲍伟东, 马志红, 等, 2018. 北京雾灵山自然保护区野生动物资源图谱 [M]. 北京: 中国农业出版社.

张路杨, 史静耸, 侯绍兵, 等, 2021. 北京发现刘氏链蛇 [J]. 北京师范大学学报（6）: 57.

张希军, 孙建国, 马秀琴, 2000. 河北雾灵山国家级自然保护区陆生脊椎动物补充名录 [J]. 河北林业科技（4）: 52.

赵尔宓, 2006. 中国蛇类 [M]. 合肥: 安徽科学技术出版社.

郑光美, 2023. 中国鸟类分类与分布名录 [M]. 4版. 北京: 科学出版社.

KEIL P, STORCH D, JETZ W, 2015. On the decline of biodiversity due to area loss[J]. Nature Communications, 6: 8837.

LENGYEL S, KOBLER A, LADO K L, et al., 2008. A review and a framework for the integration of biodiversity monitoring at the habitat level[J]. Biodiversity and Conservation, 17(14):3357-3382.

OGSUN L, SUA L, DONG H N, et al., 2014. Food habits of the leopard cat (*Prionailurus bengalensis euptilurus*) in Korea[J]. Mammal Study, 39: 43-46.

SHEHZAD W, RIAZ T, NAWAZ M A, et al., 2012. Carnivore diet analysis based on next-generation sequencing: application to the leopard cat(*Prionailurus bengalensis*) in Pakistan[J]. Molecular Ecology, 21(8): 1951-1965.

SHEPPARD S K, HARWOOD J D, 2005. Advances in molecular ecology: tracking trophic links through predator-prey food-webs[J]. Functional Ecology, 19(5):751-762.

YANG J, GUO F Z, JIAN J, et al., 2019. Non-invasive genetic analysis indicates low population connectivity in vulnerable Chinese gorals-concerns for segregated population management[J]. Zoological Research, 40(5): 439-448.

附录：
密云陆生野生动物名录

附录一：密云鸟类物种名录

序号	目	科	中文名	学名	保护级别
1	鸡形目	雉科	石鸡	*Alectoris chukar*	市级
2			斑翅山鹑	*Perdix dauurica*	市级
3			鹌鹑	*Coturnix japonica*	
4			勺鸡	*Pucrasia macrolopha*	国二
5			环颈雉	*Phasianus colchicus*	
6	雁形目	鸭科	鸿雁	*Anser cygnoides*	国二
7			豆雁	*Anser fabalis*	市级
8			短嘴豆雁	*Anser serrirostris*	
9			灰雁	*Anser anser*	市级
10			白额雁	*Anser albifrons*	国二
11			小白额雁	*Anser erythropus*	国二
12			斑头雁	*Anser indicus*	
13			疣鼻天鹅	*Cygnus olor*	国二
14			小天鹅	*Cygnus columbianus*	国二
15			大天鹅	*Cygnus cygnus*	国二
16			翘鼻麻鸭	*Tadorna tadorna*	
17			赤麻鸭	*Tadorna ferruginea*	市级
18			鸳鸯	*Aix galericulata*	国二
19			赤膀鸭	*Mareca strepera*	市级
20			罗纹鸭	*Mareca falcata*	市级
21			赤颈鸭	*Mareca penelope*	
22			绿头鸭	*Anas platyrhynchos*	
23			斑嘴鸭	*Anas zonorhyncha*	
24			针尾鸭	*Anas acuta*	市级
25			绿翅鸭	*Anas crecca*	
26			琵嘴鸭	*Spatula clypeata*	市级
27			白眉鸭	*Spatula querquedula*	市级
28			花脸鸭	*Sibirionetta formosa*	国二
29			赤嘴潜鸭	*Netta rufina*	
30			红头潜鸭	*Aythya ferina*	市级
31			青头潜鸭	*Aythya baeri*	国一
32			白眼潜鸭	*Aythya nyroca*	市级
33			凤头潜鸭	*Aythya fuligula*	市级
34			斑背潜鸭	*Aythya marila*	
35			斑脸海番鸭	*Melanitta stejnegeri*	
36			长尾鸭	*Clangula hyemalis*	市级
37			鹊鸭	*Bucephala clangula*	市级
38			斑头秋沙鸭	*Mergellus albellus*	国二
39			普通秋沙鸭	*Mergus merganser*	市级
40			红胸秋沙鸭	*Mergus serrator*	市级

注：国一、国二分别指《国家重点保护野生动物名录》中的"国家一级重点保护野生动物"和"国家二级重点保护野生动物"。
市级指《北京市野生动物名录》中的"北京市级重点保护野生动物"。

附录：密云陆生野生动物名录

(续)

序号	目	科	中文名	学名	保护级别
41	雁形目	鸭科	中华秋沙鸭	*Mergus squamatus*	国一
42	䴙䴘目	䴙䴘科	小䴙䴘	*Tachybaptus ruficollis*	市级
43			赤颈䴙䴘	*Podiceps grisegena*	国二
44			凤头䴙䴘	*Podiceps cristatus*	市级
45			角䴙䴘	*Podiceps auritus*	国二
46			黑颈䴙䴘	*Podiceps nigricollis*	国二
47	鸽形目	鸠鸽科	岩鸽	*Columba rupestris*	市级
48			山斑鸠	*Streptopelia orientalis*	
49			灰斑鸠	*Streptopelia decaocto*	
50			火斑鸠	*Streptopelia tranquebarica*	
51			珠颈斑鸠	*Streptopelia chinensis*	
52	沙鸡目	沙鸡科	毛腿沙鸡	*Syrrhaptes paradoxus*	市级
53	夜鹰目	夜鹰科	普通夜鹰	*Caprimulgus jotaka*	市级
54	雨燕目	雨燕科	白喉针尾雨燕	*Hirundapus caudacutus*	
55			普通雨燕	*Apus apus*	市级
56			白腰雨燕	*Apus pacificus*	市级
57	鹃形目	杜鹃科	红翅凤头鹃	*Clamator coromandus*	
58			小鸦鹃	*Centropus bengalensis*	国二
59			噪鹃	*Eudynamys scolopaceus*	
60			大鹰鹃	*Hierococcyx sparverioides*	
61			四声杜鹃	*Cuculus micropterus*	市级
62			大杜鹃	*Cuculus canorus*	市级
63			小杜鹃	*Cuculus poliocephalus*	
64			东方中杜鹃	*Cuculus optatus*	
65	鸨形目	鸨科	大鸨	*Otis tarda*	国一
66	鹤形目	秧鸡科	普通秧鸡	*Rallus indicus*	
67			西秧鸡	*Rallus aquaticus*	
68			小田鸡	*Zapornia pusilla*	
69			红胸田鸡	*Zapornia fusca*	
70			白胸苦恶鸟	*Amaurornis phoenicurus*	
71			黑水鸡	*Gallinula chloropus*	
72			白骨顶	*Fulica atra*	
73		鹤科	白鹤	*Grus leucogeranus*	国一
74			沙丘鹤	*Grus canadensis*	国二
75			白枕鹤	*Grus vipio*	国一
76			蓑羽鹤	*Grus virgo*	国二
77			丹顶鹤	*Grus japonensis*	国一
78			灰鹤	*Grus grus*	国二
79			白头鹤	*Grus monacha*	国一
80	鸻形目	鹮嘴鹬科	鹮嘴鹬	*Ibidorhyncha struthersii*	国二
81		反嘴鹬科	黑翅长脚鹬	*Himantopus himantopus*	

(续)

序号	目	科	中文名	学名	保护级别
82		反嘴鹬科	反嘴鹬	*Recurvirostra avosetta*	
83			凤头麦鸡	*Vanellus vanellus*	
84			灰头麦鸡	*Vanellus cinereus*	
85			金鸻	*Pluvialis fulva*	
86			灰鸻	*Pluvialis squatarola*	
87		鸻科	长嘴剑鸻	*Charadrius placidus*	
88			金眶鸻	*Charadrius dubius*	市级
89			环颈鸻	*Charadrius alexandrinus*	
90			蒙古沙鸻	*Charadrius mongolus*	
91			铁嘴沙鸻	*Charadrius leschenaultii*	
92			东方鸻	*Charadrius veredus*	
93		彩鹬科	彩鹬	*Rostratula benghalensis*	
94			丘鹬	*Scolopax rusticola*	
95			姬鹬	*Lymnocryptes minimus*	
96			孤沙锥	*Gallinago solitaria*	
97			针尾沙锥	*Gallinago stenura*	
98			大沙锥	*Gallinago megala*	
99			扇尾沙锥	*Gallinago gallinago*	
100			半蹼鹬	*Limnodromus semipalmatus*	国二
101			黑尾塍鹬	*Limosa limosa*	
102	鸻形目		小杓鹬	*Numenius minutus*	国二
103			中杓鹬	*Numenius phaeopus*	
104			白腰杓鹬	*Numenius arquata*	国二
105			鹤鹬	*Tringa erythropus*	
106			红脚鹬	*Tringa totanus*	
107			泽鹬	*Tringa stagnatilis*	
108		鹬科	青脚鹬	*Tringa nebularia*	
109			白腰草鹬	*Tringa ochropus*	
110			林鹬	*Tringa glareola*	
111			翘嘴鹬	*Xenus cinereus*	
112			矶鹬	*Actitis hypoleucos*	
113			翻石鹬	*Arenaria interpres*	国二
114			红颈滨鹬	*Calidris ruficollis*	
115			小滨鹬	*Calidris minuta*	
116			青脚滨鹬	*Calidris temminckii*	
117			长趾滨鹬	*Calidris subminuta*	
118			斑胸滨鹬	*Calidris melanotos*	
119			尖尾滨鹬	*Calidris acuminata*	
120			三趾滨鹬	*Calidris alba*	
121			流苏鹬	*Calidris pugnax*	
122			弯嘴滨鹬	*Calidris ferruginea*	

附录：密云陆生野生动物名录

(续)

序号	目	科	中文名	学名	保护级别
123	鸻形目	鹬科	黑腹滨鹬	*Calidris alpina*	
124			红颈瓣蹼鹬	*Phalaropus lobatus*	
125			灰瓣蹼鹬	*Phalaropus fulicarius*	
126			阔嘴鹬	*Calidris falcinellus*	
127		三趾鹑科	黄脚三趾鹑	*Turnix tanki*	
128		燕鸻科	普通燕鸻	*Glareola maldivarum*	
129		鸥科	细嘴鸥	*Chroicocephalus genei*	
130			棕头鸥	*Chroicocephalus brunnicephalus*	
131			红嘴鸥	*Chroicocephalus ridibundus*	
132			黑嘴鸥	*Saundersilarus saundersi*	国一
133			小鸥	*Hydrocoloeus minutus*	国二
134			遗鸥	*Ichthyaetus relictus*	国一
135			渔鸥	*Ichthyaetus ichthyaetus*	
136			灰背鸥	*Larus schistisagus*	
137			黑尾鸥	*Larus crassirostris*	
138			普通海鸥	*Larus canus*	
139			西伯利亚银鸥	*Larus vegae*	
140			小黑背银鸥	*Larus fuscus*	
141			鸥嘴噪鸥	*Gelochelidon nilotica*	
142			红嘴巨燕鸥	*Hydroprogne caspia*	
143			白额燕鸥	*Sternula albifrons*	
144			普通燕鸥	*Sterna hirundo*	
145			白翅浮鸥	*Chlidonias leucopterus*	
146			灰翅浮鸥	*Chlidonias hybrida*	
147	潜鸟目	潜鸟科	红喉潜鸟	*Gavia stellata*	
148	鹳形目	鹳科	黑鹳	*Ciconia nigra*	国一
149			东方白鹳	*Ciconia boyciana*	国一
150	鲣鸟目	军舰鸟科	白斑军舰鸟	*Fregata ariel*	国二
151		鸬鹚科	普通鸬鹚	*Phalacrocorax carbo*	市级
152	鹈形目	鹮科	白琵鹭	*Platalea leucorodia*	国二
153			黑脸琵鹭	*Platalea minor*	国一
154	鹈形目	鹭科	黄斑苇鳽	*Ixobrychus sinensis*	
155			黑苇鳽	*Ixobrychus flavicollis*	
156			栗苇鳽	*Ixobrychus cinnamomeus*	
157			大麻鳽	*Botaurus stellaris*	市级
158			紫背苇鳽	*Ixobrychus eurhythmus*	市级
159			夜鹭	*Nycticorax nycticorax*	
160			绿鹭	*Butorides striata*	市级
161			池鹭	*Ardeola bacchus*	
162			牛背鹭	*Bubulcus coromandus*	市级
163			苍鹭	*Ardea cinerea*	

附录：密云陆生野生动物名录

(续)

序号	目	科	中文名	学名	保护级别
164	鹳形目	鹭科	草鹭	*Ardea purpurea*	市级
165			大白鹭	*Ardea alba*	市级
166			中白鹭	*Ardea intermedia*	
167			白鹭	*Egretta garzetta*	
168		鹈鹕科	卷羽鹈鹕	*Pelecanus crispus*	国一
169			白鹈鹕	*Pelecanus onocrotalus*	国一
170	鹰形目	鹗科	鹗	*Pandion haliaetus*	国二
171		鹰科	黑翅鸢	*Elanus caeruleus*	国二
172			凤头蜂鹰	*Pernis ptilorhynchus*	国二
173			秃鹫	*Aegypius monachus*	国一
174			短趾雕	*Circaetus gallicus*	国二
175			乌雕	*Clanga clanga*	国一
176			靴隼雕	*Hieraaetus pennatus*	国二
177			草原雕	*Aquila nipalensis*	国一
178			金雕	*Aquila chrysaetos*	国一
179			赤腹鹰	*Accipiter soloensis*	国二
180			日本松雀鹰	*Accipiter gularis*	国二
181			雀鹰	*Accipiter nisus*	国二
182			苍鹰	*Accipiter gentilis*	国二
183			白头鹞	*Circus aeruginosus*	国二
184			白腹鹞	*Circus spilonotus*	国二
185			白尾鹞	*Circus cyaneus*	国二
186			鹊鹞	*Circus melanoleucos*	国二
187			黑鸢	*Milvus migrans*	国二
188			白尾海雕	*Haliaeetus albicilla*	国一
189			灰脸鵟鹰	*Butastur indicus*	国二
190			毛脚鵟	*Buteo lagopus*	国二
191			大鵟	*Buteo hemilasius*	国二
192			普通鵟	*Buteo japonicus*	国二
193			栗鸢	*Haliastur indus*	国二
194	鸮形目	鸱鸮科	北领角鸮	*Otus semitorques*	国二
195			红角鸮	*Otus sunia*	国二
196			雕鸮	*Bubo bubo*	国二
197			灰林鸮	*Strix nivicolum*	国二
198			长尾林鸮	*Strix uralensis*	国二
199			纵纹腹小鸮	*Athene noctua*	国二
200			长耳鸮	*Asio otus*	国二
201			短耳鸮	*Asio flammeus*	国二
202			日本鹰鸮	*Ninox japonica*	国二
203	犀鸟目	戴胜科	戴胜	*Upupa epops*	市级
204	佛法僧目	佛法僧科	三宝鸟	*Eurystomus orientalis*	市级

附录：密云陆生野生动物名录

(续)

序号	目	科	中文名	学名	保护级别
205	佛法僧目	翠鸟科	蓝翡翠	*Halcyon pileata*	市级
206			普通翠鸟	*Alcedo atthis*	市级
207			冠鱼狗	*Megaceryle lugubris*	
208			斑鱼狗	*Ceryle rudis*	
209	啄木鸟目	啄木鸟科	棕腹啄木鸟	*Dendrocopos hyperythrus*	市级
210			蚁䴕	*Jynx torquilla*	市级
211			小星头啄木鸟	*Picoides kizuki*	
212			星头啄木鸟	*Picoides canicapillus*	市级
213			白背啄木鸟	*Dendrocopos leucotos*	市级
214			大斑啄木鸟	*Dendrocopos major*	市级
215			灰头绿啄木鸟	*Picus canus*	市级
216	隼形目	隼科	黄爪隼	*Falco naumanni*	国二
217			红隼	*Falco tinnunculus*	国二
218			红脚隼	*Falco amurensis*	国二
219			灰背隼	*Falco columbarius*	国二
220			燕隼	*Falco subbuteo*	国二
221			猎隼	*Falco cherrug*	国一
222			游隼	*Falco peregrinus*	国二
223	雀形目	黄鹂科	黑枕黄鹂	*Oriolus chinensis*	市级
224		山椒鸟科	长尾山椒鸟	*Pericrocotus ethologus*	市级
225			灰山椒鸟	*Pericrocotus divaricatus*	
226			暗灰鹃䴗	*Lalage melaschistos*	
227			小灰山椒鸟	*Pericrocotus cantonensis*	
228		卷尾科	黑卷尾	*Dicrurus macrocercus*	市级
229			灰卷尾	*Dicrurus leucophaeus*	
230			发冠卷尾	*Dicrurus hottentottus*	市级
231		王鹟科	寿带	*Terpsiphone incei*	市级
232		伯劳科	牛头伯劳	*Lanius bucephalus*	
233			红尾伯劳	*Lanius cristatus*	市级
234			棕背伯劳	*Lanius schach*	
235			灰伯劳	*Lanius borealis*	市级
236			楔尾伯劳	*Lanius sphenocercus*	市级
237			虎纹伯劳	*Lanius tigrinus*	市级
238		鸦科	松鸦	*Garrulus glandarius*	
239			灰喜鹊	*Cyanopica cyanus*	
240			红嘴蓝鹊	*Urocissa erythroryncha*	市级
241			喜鹊	*Pica serica*	
242			星鸦	*Nucifraga caryocatactes*	
243			红嘴山鸦	*Pyrrhocorax pyrrhocorax*	
244			达乌里寒鸦	*Corvus dauuricus*	
245			秃鼻乌鸦	*Corvus frugilegus*	

(续)

序号	目	科	中文名	学名	保护级别
246	雀形目	鸦科	小嘴乌鸦	*Corvus corone*	
247			大嘴乌鸦	*Corvus macrorhynchos*	
248		山雀科	煤山雀	*Periparus ater*	市级
249			黄腹山雀	*Pardaliparus venustulus*	市级
250			沼泽山雀	*Poecile palustris*	
251			褐头山雀	*Poecile montanus*	
252			大山雀	*Parus minor*	
253		攀雀科	中华攀雀	*Remiz consobrinus*	
254		百灵科	蒙古百灵	*Melanocorypha mongolica*	国二
255			大短趾百灵	*Calandrella brachydactyla*	
256			短趾百灵	*Alaudala cheleensis*	
257			凤头百灵	*Galerida cristata*	市级
258			云雀	*Alauda arvensis*	国二
259			角百灵	*Eremophila alpestris*	市级
260		文须雀科	文须雀	*Panurus biarmicus*	
261		扇尾莺科	棕扇尾莺	*Cisticola juncidis*	
262		莺科	东方大苇莺	*Acrocephalus orientalis*	市级
263			黑眉苇莺	*Acrocephalus bistrigiceps*	市级
264			远东苇莺	*Acrocephalus tangorum*	
265			厚嘴苇莺	*Arundinax aedon*	
266		蝗莺科	北短翅蝗莺	*Locustella davidi*	
267			矛斑蝗莺	*Locustella lanceolata*	
268			小蝗莺	*Locustella certhiola*	
269			中华短翅蝗莺	*Locustella tacsanowskia*	
270		燕科	崖沙燕	*Riparia riparia*	
271			家燕	*Hirundo rustica*	市级
272			岩燕	*Ptyonoprogne rupestris*	
273			毛脚燕	*Delichon urbicum*	
274			烟腹毛脚燕	*Delichon dasypus*	
275			金腰燕	*Cecropis daurica*	市级
276		鹎科	白头鹎	*Pycnonotus sinensis*	
277			领雀嘴鹎	*Spizixos semitorques*	
278			栗耳短脚鹎	*Hypsipetes amaurotis*	
279			红耳鹎	*Pycnonotus jocosus*	
280			栗背短脚鹎	*Hemixos castanonotus*	
281		柳莺科	褐柳莺	*Phylloscopus fuscatus*	
282			棕眉柳莺	*Phylloscopus armandii*	
283			巨嘴柳莺	*Phylloscopus schwarzi*	
284			云南柳莺	*Phylloscopus yunnanensis*	
285			黄腰柳莺	*Phylloscopus proregulus*	市级
286			黄眉柳莺	*Phylloscopus inornatus*	

附录：密云陆生野生动物名录

(续)

序号	目	科	中文名	学名	保护级别
287	雀形目	柳莺科	淡眉柳莺	*Phylloscopus humei*	市级
288			极北柳莺	*Phylloscopus borealis*	
289			双斑绿柳莺	*Phylloscopus plumbeitarsus*	
290			冕柳莺	*Phylloscopus coronatus*	市级
291			冠纹柳莺	*Phylloscopus claudiae*	市级
292			乌嘴柳莺	*Phylloscopus magnirostris*	
293			淡尾鹟莺	*Seicercus soror*	
294		树莺科	远东树莺	*Horornis canturians*	
295			强脚树莺	*Horornis fortipes*	
296			鳞头树莺	*Urosphena squameiceps*	
297		长尾山雀科	银喉长尾山雀	*Aegithalos glaucogularis*	市级
298			北长尾山雀	*Aegithalos caudatus*	
299		莺鹛科	山鹛	*Rhopophilus pekinensis*	市级
300			棕头鸦雀	*Sinosuthora webbiana*	市级
301			白喉林莺	*Curruca curruca*	
302		绣眼鸟科	红胁绣眼鸟	*Zosterops erythropleurus*	国二
303			暗绿绣眼鸟	*Zosterops simplex*	市级
304		画眉科	山噪鹛	*Pterorhinus davidi*	市级
305			画眉	*Garrulax canorus*	国二
306			红嘴相思鸟	*Leiothrix lutea*	国二
307		旋木雀科	欧亚旋木雀	*Certhia familiaris*	市级
308		䴓科	普通䴓	*Sitta europaea*	市级
309			黑头䴓	*Sitta villosa*	市级
310		旋壁雀科	红翅旋壁雀	*Tichodroma muraria*	市级
311		鹪鹩科	鹪鹩	*Troglodytes troglodytes*	
312		河乌科	褐河乌	*Cinclus pallasii*	市级
313		椋鸟科	丝光椋鸟	*Spodiopsar sericeus*	市级
314			灰椋鸟	*Spodiopsar cineraceus*	
315			北椋鸟	*Agropsar sturninus*	
316			紫翅椋鸟	*Sturnus vulgaris*	
317			八哥	*Acridotheres cristatellus*	
318		鸫科	白眉地鸫	*Geokichla sibirica*	
319			虎斑地鸫	*Zoothera aurea*	
320			乌鸫	*Turdus mandarinus*	
321			褐头鸫	*Turdus feae*	国二
322			白眉鸫	*Turdus obscurus*	
323			白腹鸫	*Turdus pallidus*	
324			黑喉鸫	*Turdus atrogularis*	
325			红尾斑鸫	*Turdus naumanni*	
326			斑鸫	*Turdus eunomus*	市级
327			赤颈鸫	*Turdus ruficollis*	

附录：密云陆生野生动物名录

(续)

序号	目	科	中文名	学名	保护级别
328	雀形目	鸫科	宝兴歌鸫	*Turdus mupinensis*	市级
329			黑胸鸫	*Turdus dissimilis*	
330			灰背鸫	*Turdus hortulorum*	
331			乌灰鸫	*Turdus cardis*	
332		鹟科	红尾歌鸲	*Larvivora sibilans*	
333			蓝歌鸲	*Larvivora cyane*	
334			红喉歌鸲	*Calliope calliope*	国二
335			白腹短翅鸲	*Luscinia phoenicuroides*	
336			蓝喉歌鸲	*Luscinia svecica*	国二
337			红胁蓝尾鸲	*Tarsiger cyanurus*	市级
338			北红尾鸲	*Phoenicurus auroreus*	
339			红尾水鸲	*Phoenicurus fuliginosus*	
340			白顶溪鸲	*Phoenicurus leucocephalus*	
341			鹊鸲	*Copsychus saularis*	
342			紫啸鸫	*Myophonus caeruleus*	
343			黑喉石䳭	*Saxicola maurus*	
344			灰林䳭	*Saxicola ferreus*	
345			白顶䳭	*Oenanthe pleschanka*	
346			白背矶鸫	*Monticola saxatilis*	
347			蓝矶鸫	*Monticola solitarius*	
348			白喉矶鸫	*Monticola gularis*	
349			灰纹鹟	*Muscicapa griseisticta*	
350			乌鹟	*Muscicapa sibirica*	
351			北灰鹟	*Muscicapa dauurica*	
352			白眉姬鹟	*Ficedula zanthopygia*	市级
353			黄眉姬鹟	*Ficedula narcissina*	市级
354			绿背姬鹟	*Ficedula elisae*	市级
355			红喉姬鹟	*Ficedula albicilla*	
356			白腹暗蓝鹟	*Cyanoptila cumatilis*	市级
357		戴菊科	戴菊	*Regulus regulus*	市级
358		太平鸟科	太平鸟	*Bombycilla garrulus*	市级
359			小太平鸟	*Bombycilla japonica*	市级
360		岩鹨科	领岩鹨	*Prunella collaris*	
361			棕眉山岩鹨	*Prunella montanella*	
362		雀科	山麻雀	*Passer cinnamomeus*	
363			麻雀	*Passer montanus*	
364		鹡鸰科	田鹨	*Anthus richardi*	
365			山鹡鸰	*Dendronanthus indicus*	
366			黄鹡鸰	*Motacilla tschutschensis*	
367			黄头鹡鸰	*Motacilla citreola*	
368			灰鹡鸰	*Motacilla cinerea*	

附录：密云陆生野生动物名录

(续)

序号	目	科	中文名	学名	保护级别
369	雀形目	鹡鸰科	白鹡鸰	*Motacilla alba*	
370			布氏鹨	*Anthus godlewskii*	
371			草地鹨	*Anthus pratensis*	
372			树鹨	*Anthus hodgsoni*	
373			粉红胸鹨	*Anthus roseatus*	
374			红喉鹨	*Anthus cervinus*	
375			黄腹鹨	*Anthus rubescens*	
376			水鹨	*Anthus spinoletta*	
377		燕雀科	苍头燕雀	*Fringilla coelebs*	
378			燕雀	*Fringilla montifringilla*	市级
379			锡嘴雀	*Coccothraustes coccothraustes*	市级
380			黑头蜡嘴雀	*Eophona personata*	市级
381			黑尾蜡嘴雀	*Eophona migratoria*	市级
382			普通朱雀	*Carpodacus erythrinus*	
383			中华朱雀	*Carpodacus davidianus*	市级
384			长尾雀	*Carpodacus sibiricus*	市级
385			北朱雀	*Carpodacus roseus*	国二
386			金翅雀	*Chloris sinica*	市级
387			白腰朱顶雀	*Acanthis flammea*	市级
388			红腹灰雀	*Pyrrhula pyrrhula*	
389			红交嘴雀	*Loxia curvirostra*	国二
390			黄雀	*Spinus spinus*	市级
391			极北朱顶雀	*Acanthis hornemanni*	
392		铁爪鹀科	铁爪鹀	*Calcarius lapponicus*	
393			雪鹀	*Plectrophenax nivalis*	
394		鹀科	白头鹀	*Emberiza leucocephalos*	
395			灰眉岩鹀	*Emberiza godlewskii*	
396			三道眉草鹀	*Emberiza cioides*	市级
397			栗斑腹鹀	*Emberiza jankowskii*	国一
398			白眉鹀	*Emberiza tristrami*	
399			栗耳鹀	*Emberiza fucata*	
400			小鹀	*Emberiza pusilla*	市级
401			黄眉鹀	*Emberiza chrysophrys*	
402			田鹀	*Emberiza rustica*	
403			黄喉鹀	*Emberiza elegans*	市级
404			黄胸鹀	*Emberiza aureola*	国一
405			栗鹀	*Emberiza rutila*	
406			灰头鹀	*Emberiza spodocephala*	
407			苇鹀	*Emberiza pallasi*	
408			红颈苇鹀	*Emberiza yessoensis*	
409			芦鹀	*Emberiza schoeniclus*	
410			黄鹀	*Emberiza sulphurata*	
411		梅花雀科	白腰文鸟	*Lonchura striata*	

附录二：密云哺乳类物种名录

序号	目	科	中文名	学名	保护级别
1	劳亚食虫目	猬科	东北刺猬	*Erinaceus amurensis*	市级
2		鼹科	麝鼹	*Scaptochirus moschatus*	
3		鼩鼱科	北小麝鼩	*Crocidura suaveolens*	
4			川西缺齿鼩	*Chodsigoa hypsibia*	
5	翼手目	菊头蝠科	马铁菊头蝠	*Rhinolophus ferrumequinum*	
6		蝙蝠科	东方棕蝠	*Eptesicus pachyomus*	
7			普通蝙蝠	*Vespertilio murinus*	
8			东方蝙蝠	*Vespertilio sinensis*	
9			东亚伏翼	*Pipistrellus abramus*	
10			褐山蝠	*Nyctalus noctula*	
11			奥氏长耳蝠	*Plecotus ognevi*	
12	啮齿目	松鼠科	岩松鼠	*Sciurotamias davidianus*	
13			花鼠	*Tamias sibiricus*	
14			隐纹花鼠	*Tamiops swinhoei*	市级
15			北松鼠	*Sciurus vulgaris*	
16			复齿鼯鼠	*Trogopterus xanthipes*	
17			小飞鼠	*Pteromys volans*	市级
18			沟牙鼯鼠	*Aeretes melanopterus*	
19		鼠科	大林姬鼠	*Apodemus peninsulae*	
20			黑线姬鼠	*Apodemus agrarius*	
21			中华姬鼠	*Apodemus draco*	
22			北社鼠	*Niviventer confucianus*	
23			褐家鼠	*Rattus norvegicus*	
24			小家鼠	*Mus musculus*	
25		仓鼠科	黑线仓鼠	*Cricetulus barabensis*	
26			大仓鼠	*Tscherskia triton*	
27			棕背䶄	*Craseomys rufocanus*	
28		鼹型鼠科	中华鼢鼠	*Eospalax fontanierii*	
29	灵长目	猴科	猕猴	*Macaca mulatta*	国二
30	食肉目	犬科	貉	*Nyctereutes procyonoides*	国二
31			赤狐	*Vulpes vulpes*	国二
32		鼬科	黄鼬	*Mustela sibirica*	市级
33			艾鼬	*Mustela eversmanii*	市级
34			亚洲狗獾	*Meles leucurus*	市级
35			猪獾	*Arctonyx collaris*	市级
36		林狸科	花面狸	*Paguma larvata*	市级
37		猫科	豹猫	*Prionailurus bengalensis*	国二
38			豹	*Panthera pardus*	国一
39	鲸偶蹄目	猪科	野猪	*Sus scrofa*	市级
40		鹿科	狍	*Capreolus pygargus*	市级
41		牛科	中华斑羚	*Naemorhedus griseus*	国二
42	兔形目	兔科	蒙古兔	*Lepus tolai*	

附录三：密云两栖爬行类物种名录

序号	目	科	中文名	学名	保护级别
1	无尾目	蟾蜍科	中华蟾蜍	*Bufo gargarizans*	
2			花背蟾蜍	*Strauchbufo raddei*	市级
3		蛙科	中国林蛙	*Rana chensinensis*	
4			黑斑侧褶蛙	*Pelophylax nigromaculatus*	
5		姬蛙科	北方狭口蛙	*Kaloula borealis*	市级
6	龟鳖目	鳖科	中华鳖	*Pelodiscus sinensis*	
7	有鳞目	石龙子科	黄纹石龙子	*Plestiodon capito*	市级
8			宁波滑蜥	*Scincella modesta*	市级
9		壁虎科	无蹼壁虎	*Gekko swinhonis*	
10		蜥蜴科	山地麻蜥	*Eremias brenchleyi*	
11			丽斑麻蜥	*Eremias argus*	
12		游蛇科	乌梢蛇	*Ptyas dhumnades*	市级
13			黑背白环蛇	*Lycodon ruhstrati*	市级
14			赤链蛇	*Lycodon rufozonatus*	
15			刘氏白环蛇	*Lycodon liuchengchaoi*	市级
16			黄脊游蛇	*Orientocoluber spinalis*	
17			团花锦蛇	*Elaphe davidi*	国二
18			赤峰锦蛇	*Elaphe anomala*	
19			白条锦蛇	*Elaphe dione*	
20			玉斑锦蛇	*Euprepiophis mandarinus*	市级
21			王锦蛇	*Elaphe carinata*	市级
22			黑眉锦蛇	*Elaphe taeniura*	市级
23		剑蛇科	黑头剑蛇	*Sibynophis chinensis*	市级
24		水游蛇科	虎斑颈槽蛇	*Rhabdophis tigrinus*	
25		蝰科	短尾蝮	*Gloydius brevicauda*	市级
26			西伯利亚蝮	*Gloydius halys*	

中文名索引

A

鹌鹑	18
暗灰鹃鸣	271
暗绿绣眼鸟	347
奥氏长耳蝠	466

B

八哥	361
白斑军舰鸟	183
白背矶鸫	390
白背啄木鸟	255
白翅浮鸥	174
白顶鹏	389
白顶溪鸲	385
白额雁	27
白额燕鸥	172
白腹暗蓝鹟	399
白腹鸫	367
白腹短翅鸲	379
白腹鹞	222
白骨顶	99
白鹤	100
白喉矶鸫	392
白喉林莺	345
白喉针尾雨燕	76
白鹡鸰	414
白鹭	202
白眉地鸫	362
白眉鸫	366
白眉姬鹟	396
白眉鹀	443
白眉鸭	44
白琵鹭	187
白鹈鹕	204
白条锦蛇	516
白头鸭	320
白头鹤	106
白头鹎	439
白头鹞	221
白尾海雕	226
白尾鹞	223
白胸苦恶鸟	97
白眼潜鸭	49
白腰草鹬	138
白腰杓鹬	131
白腰文鸟	406
白腰雨燕	78
白腰朱顶雀	432
白枕鹤	102
斑背潜鸭	51
斑翅山鹑	19
斑鸫	370
斑脸海番鸭	52
斑头秋沙鸭	55
斑头雁	29
斑胸滨鹬	148
斑鱼狗	249
斑嘴鸭	40
半蹼鹬	129
宝兴歌鸫	372
豹	489
豹猫	488
北长尾山雀	342
北短翅蝗莺	310
北方狭口蛙	502
北红尾鸲	382
北灰鹟	395
北椋鸟	359
北领角鸮	233
北松鼠	470
北朱雀	430
布氏鹨	415

C

彩鹬	122
苍鹭	198
苍头燕雀	422
苍鹰	220
草地鹨	416
草鹭	199
草原雕	215
长耳鸮	239
长尾林鸮	237
长尾雀	429
长尾山椒鸟	268
长尾鸭	53
长趾滨鹬	147
长嘴剑鸻	116
池鹭	196
赤膀鸭	36
赤峰锦蛇	515
赤腹鹰	217

中文名索引

赤狐	483	东方中杜鹃	88	**H**	
赤颈鸫	371	东方棕蝠	462		
赤颈鹀	62	东亚伏翼	464	貉	482
赤颈鸭	38	豆雁	24	褐河乌	356
赤链蛇	511	短耳鸮	240	褐柳莺	325
赤麻鸭	34	短尾蝮	522	褐山蝠	465
赤嘴潜鸭	46	短趾百灵	300	褐头鸫	365
		短趾雕	212	褐头山雀	295
D		短嘴豆雁	25	鹤鹬	134
				黑斑侧褶蛙	501
达乌里寒鸦	288	**E**		黑背白环蛇	510
大白鹭	200			黑翅长脚鹬	110
大斑啄木鸟	256	鹗	207	黑翅鸢	208
大鸨	91			黑腹滨鹬	153
大仓鼠	478	**F**		黑鹳	179
大杜鹃	86			黑喉鸫	368
大短趾百灵	299	发冠卷尾	274	黑喉石鹍	387
大鵟	229	翻石鹬	142	黑颈鹀	65
大林姬鼠	473	反嘴鹬	111	黑卷尾	272
大麻鳽	192	粉红胸鹨	418	黑脸琵鹭	188
大沙锥	127	凤头百灵	301	黑眉锦蛇	519
大山雀	296	凤头蜂鹰	210	黑眉苇莺	307
大天鹅	32	凤头麦鸡	112	黑水鸡	98
大鹰鹃	84	凤头鹀	63	黑头剑蛇	520
大嘴乌鸦	291	凤头潜鸭	50	黑头蜡嘴雀	425
戴菊	401	复齿鼯鼠	471	黑头鸫	353
戴胜	243			黑尾塍鹬	130
丹顶鹤	104	**G**		黑尾蜡嘴雀	426
淡眉柳莺	331			黑尾鸥	166
淡尾鹟莺	337	沟牙鼯鼠	472	黑苇鳽	190
雕鸮	235	孤沙锥	125	黑线仓鼠	477
东北刺猬	459	冠纹柳莺	335	黑线姬鼠	474
东方白鹳	180	冠鱼狗	248	黑胸鸫	375
东方大苇莺	306			黑鸢	225
东方鸻	121			黑枕黄鹂	267

中文名索引

黑嘴鸥	161	虎纹伯劳	281	灰鹨鸰	413
红翅凤头鹃	81	花背蟾蜍	499	灰卷尾	273
红翅旋壁雀	354	花脸鸭	45	灰脸鵟鹰	227
红耳鹎	322	花面狸	487	灰椋鸟	358
红腹灰雀	433	花鼠	468	灰林鵖	388
红喉歌鸲	378	画眉	349	灰林鸮	236
红喉姬鹟	400	环颈鸻	118	灰眉岩鹀	440
红喉鹨	419	环颈雉	21	灰山椒鸟	269
红喉潜鸟	177	黄斑苇鳽	189	灰头绿啄木鸟	257
红交嘴雀	434	黄腹鹨	420	灰头麦鸡	113
红角鸮	234	黄腹山雀	293	灰头鹀	451
红脚鹬	135	黄喉鹀	448	灰纹鹟	393
红脚隼	261	黄脊游蛇	513	灰喜鹊	283
红颈瓣蹼鹬	154	黄鹡鸰	411	灰雁	26
红颈滨鹬	144	黄脚三趾鹑	156	火斑鸠	70
红颈苇鹀	453	黄眉姬鹟	397		
红头潜鸭	47	黄眉柳莺	330	**J**	
红尾斑鸫	369	黄眉鹀	446		
红尾伯劳	277	黄雀	435		
红尾歌鸲	376	黄头鹡鸰	412	矶鹬	141
红尾水鸲	383	黄纹石龙子	504	姬鹬	124
红胁蓝尾鸲	381	黄鹂	455	极北柳莺	332
红胁绣眼鸟	346	黄胸鹀	449	极北朱顶雀	436
红胸秋沙鸭	57	黄腰柳莺	329	家燕	315
红胸田鸡	96	黄鼬	484	尖尾滨鹬	149
红隼	260	黄爪隼	259	鹪鹩	355
红嘴巨燕鸥	171	灰斑鸠	69	角百灵	303
红嘴蓝鹊	284	灰瓣蹼鹬	155	角鸊鷉	64
红嘴鸥	160	灰背鸫	373	金翅雀	431
红嘴山鸦	287	灰背鸥	165	金雕	216
红嘴相思鸟	350	灰背隼	262	金鸻	114
鸿雁	23	灰伯劳	279	金眶鸻	117
厚嘴苇莺	309	灰翅浮鸥	175	金腰燕	319
虎斑地鸫	363	灰鹤	105	巨嘴柳莺	327
虎斑颈槽蛇	521	灰鸽	115	卷羽鹈鹕	203

中文名索引

K

阔嘴鹬	143

L

蓝翡翠	246
蓝歌鸲	377
蓝喉歌鸲	380
蓝矶鸫	391
丽斑麻蜥	508
栗斑腹鹀	442
栗背短脚鹎	324
栗耳短脚鹎	323
栗耳鹀	444
栗苇鳽	191
栗鹀	450
栗鸢	209
林鹬	139
鳞头树莺	340
领雀嘴鹎	321
领岩鹨	404
刘氏白环蛇	512
流苏鹬	151
芦鹀	454
绿背姬鹟	398
绿翅鸭	42
绿鹭	195
绿头鸭	39
罗纹鸭	37

M

麻雀	408
马铁菊头蝠	461

毛脚鵟	228
毛脚燕	317
毛腿沙鸡	73
矛斑蝗莺	311
煤山雀	292
蒙古百灵	298
蒙古沙鸻	119
蒙古兔	493
猕猴	481
冕柳莺	334

N

宁波滑蜥	505
牛背鹭	197
牛头伯劳	276

O

欧亚旋木雀	351
鸥嘴噪鸥	170

P

狍	491
琵嘴鸭	43
普通蝙蝠	463
普通翠鸟	247
普通海鸥	167
普通鵟	230
普通鸬鹚	184
普通秋沙鸭	56
普通鸭	352
普通燕鸻	157
普通燕鸥	173

普通秧鸡	93
普通夜鹰	75
普通雨燕	77
普通朱雀	427

Q

强脚树莺	339
翘鼻麻鸭	33
翘嘴鹬	140
青脚滨鹬	146
青脚鹬	137
青头潜鸭	48
丘鹬	123
雀鹰	219
鹊鸲	384
鹊鸭	54
鹊鹞	224

R

日本松雀鹰	218
日本鹰鸮	241

S

三宝鸟	245
三道眉草鹀	441
三趾滨鹬	150
沙丘鹤	101
山斑鸠	68
山地麻蜥	507
山鹡鸰	410
山麻雀	407
山鹪	343

中文名索引

山噪鹛	348
扇尾沙锥	128
勺鸡	20
麝鼹	460
石鸡	17
寿带	275
树鹨	417
双斑绿柳莺	333
水鹨	421
丝光椋鸟	357
四声杜鹃	85
松鸦	282
蓑羽鹤	103

T

太平鸟	402
田鹨	409
田鹀	445
铁爪鹀	437
铁嘴沙鸻	120
秃鼻乌鸦	289
秃鹫	211
团花锦蛇	514

W

弯嘴滨鹬	152
王锦蛇	518
苇鹀	452
文须雀	304
乌雕	213
乌鸫	364
乌灰鸫	374
乌梢蛇	509
乌鹟	394
乌嘴柳莺	336
无蹼壁虎	506

X

西伯利亚蝮	523
西伯利亚银鸥	168
西秧鸡	94
猎隼	264
锡嘴雀	424
喜鹊	285
细嘴鸥	158
小白额雁	28
小滨鹬	145
小杜鹃	87
小黑背银鸥	169
小蝗莺	312
小灰山椒鸟	270
小家鼠	476
小鸥	162
小鸦鹃	61
小杓鹬	133
小太平鸟	403
小天鹅	31
小田鸡	95
小鹀	447
小星头啄木鸟	253
小鸦鹃	82
小嘴乌鸦	290
楔尾伯劳	280
星头啄木鸟	254
星鸦	286
鹀嘴鹬	109
靴隼雕	214
雪鸮	438

Y

崖沙燕	314
亚洲狗獾	485
烟腹毛脚燕	318
岩鸽	67
岩松鼠	467
岩燕	316
燕雀	423
燕隼	263
野猪	490
夜鹭	194
遗鸥	163
蚁䴕	252
银喉长尾山雀	341
隐纹花鼠	469
疣鼻天鹅	30
游隼	265
渔鸥	164
玉斑锦蛇	517
鸳鸯	35
远东树莺	338
远东苇莺	308
云南柳莺	328
云雀	302

Z

噪鹃	83
泽鹬	136
沼泽山雀	294
针尾沙锥	126
针尾鸭	41

中文名索引

中白鹭	201	猪獾	486
中国林蛙	500	紫背苇鳽	193
中华斑羚	492	紫翅椋鸟	360
中华鳖	503	紫啸鸫	386
中华蟾蜍	498	棕背伯劳	278
中华短翅蝗莺	313	棕背䴓	479
中华鼢鼠	480	棕腹啄木鸟	251
中华姬鼠	475	棕眉柳莺	326
中华攀雀	297	棕眉山岩鹨	405
中华秋沙鸭	58	棕扇尾莺	305
中华朱雀	428	棕头鸥	159
中杓鹬	132	棕头鸦雀	344
珠颈斑鸠	71	纵纹腹小鸮	238

学名索引

A

Acanthis flammea	432
Acanthis hornemanni	436
Accipiter gentilis	220
Accipiter gularis	218
Accipiter nisus	219
Accipiter soloensis	217
Acridotheres cristatellus	361
Acrocephalus bistrigiceps	307
Acrocephalus orientalis	306
Acrocephalus tangorum	308
Actitis hypoleucos	141
Aegithalos caudatus	342
Aegithalos glaucogularis	341
Aegypius monachus	211
Aeretes melanopterus	472
Agropsar sturninus	359
Aix galericulata	35
Alauda arvensis	302
Alaudala cheleensis	300
Alcedo atthis	247
Alectoris chukar	17
Amaurornis phoenicurus	97
Anas acuta	41
Anas crecca	42
Anas platyrhynchos	39
Anas zonorhyncha	40
Anser albifrons	27
Anser anser	26
Anser cygnoides	23
Anser erythropus	28
Anser fabalis	24
Anser indicus	29
Anser serrirostris	25
Anthus cervinus	419
Anthus godlewskii	415
Anthus hodgson	417
Anthus pratensis	416
Anthus richardi	409
Anthus roseatus	418
Anthus rubescens	420
Anthus spinoletta	421
Antigone canadensis	101
Antigone vipio	102
Apodemus agrarius	474
Apodemus draco	475
Apodemus peninsulae	473
Apus apus	77
Apus pacificus	78
Aquila chrysaetos	216
Aquila nipalensis	215
Arctonyx collaris	486
Ardea alba	200
Ardea cinerea	198
Ardea intermedia	201
Ardea purpurea	199
Ardeola bacchus	196
Arenaria interpres	142
Arundinax aedon	309
Asio flammeus	240
Asio otus	239
Athene noctua	238
Aythya baeri	48
Aythya ferina	47
Aythya fuligula	50
Aythya marila	51
Aythya nyroca	49

B

Bombycilla garrulus	402
Bombycilla japonica	403
Botaurus stellaris	192
Bubo bubo	235
Bubulcus coromandus	197
Bucephala clangula	54
Bufo gargarizans	498
Butastur indicus	227
Buteo hemilasius	229
Buteo japonicus	230
Buteo lagopus	228
Butorides striata	195

C

Calandrella brachydactyla	299
Calcarius lapponicus	437
Calidris acuminata	149
Calidris alba	150
Calidris alpina	153
Calidris falcinellus	143
Calidris ferruginea	152

Calidris melanotos	148	*Circus melanoleucos*	224	*Dicrurus hottentottus*	274
Calidris minuta	145	*Circus spilonotus*	222	*Dicrurus leucophaeus*	273
Calidris pugnax	151	*Cisticola juncidis*	305	*Dicrurus macrocercus*	272
Calidris ruficollis	144	*Clamator coromandus*	81		
Calidris subminuta	147	*Clanga clanga*	213		
Calidris temminckii	146	*Clangula hyemalis*	53		

E

Calliope calliope	378	*Coccothraustes coccothraustes*	424		
Capreolus pygargus	491	*Columba rupestris*	67	*Egretta garzetta*	202
Caprimulgus jotaka	75	*Copsychus saularis*	384	*Elanus caeruleus*	208
Carpodacus davidianus	428	*Corvus corone*	290	*Elaphe anomala*	515
Carpodacus erythrinus	427	*Corvus dauuricus*	288	*Elaphe carinata*	518
Carpodacus roseus	430	*Corvus frugilegus*	289	*Elaphe davidi*	514
Carpodacus sibiricus	429	*Corvus macrorhynchos*	291	*Elaphe dione*	516
Cecropis daurica	319	*Coturnix japonica*	18	*Elaphe taeniura*	519
Centropus bengalensis	82	*Craseomys rufocanus*	479	*Emberiza aureola*	449
Certhia familiaris	351	*Cricetulus barabensis*	477	*Emberiza chrysophrys*	446
Ceryle rudis	249	*Cuculus canorus*	86	*Emberiza cioides*	441
Charadrius alexandrinus	118	*Cuculus micropterus*	85	*Emberiza citrinella*	455
Charadrius dubius	117	*Cuculus optatus*	88	*Emberiza elegans*	448
Charadrius leschenaultii	120	*Cuculus poliocephalus*	87	*Emberiza fucata*	444
Charadrius mongolus	119	*Curruca curruca*	345	*Emberiza godlewskii*	440
Charadrius placidus	116	*Cyanopica cyanus*	283	*Emberiza jankowskii*	442
Charadrius veredus	121	*Cyanoptila cumatilis*	399	*Emberiza leucocephalos*	439
Chlidonias hybrida	175	*Cygnus columbianus*	31	*Emberiza pallasi*	452
Chlidonias leucopterus	174	*Cygnus cygnus*	32	*Emberiza pusilla*	447
Chloris sinica	431	*Cygnus olor*	30	*Emberiza rustica*	445
Chroicocephalus brunnicephalus	159			*Emberiza rutila*	450
Chroicocephalus genei	158			*Emberiza schoeniclus*	454
Chroicocephalus ridibundus	160			*Emberiza spodocephala*	451

D

Ciconia boyciana	180			*Emberiza tristrami*	443
Ciconia nigra	179	*Delichon dasypus*	318	*Emberiza yessoensis*	453
Cinclus pallasii	356	*Delichon urbicum*	317	*Eophona migratoria*	426
Circaetus gallicus	212	*Dendrocopos hyperythrus*	251	*Eophona personata*	425
Circus aeruginosus	221	*Dendrocopos leucotos*	255	*Eospalax fontanierii*	480
Circus cyaneus	223	*Dendrocopos major*	256	*Eptesicus pachyomus*	462
		Dendronanthus indicus	410	*Eremias argus*	508

Eremias brenchleyi	507	*Gavia stellata*	177	*Ixobrychus cinnamomeus*	191
Eremophila alpestris	303	*Gekko swinhonis*	506	*Ixobrychus eurhythmus*	193
Erinaceus amurensis	459	*Gelochelidon nilotica*	170	*Ixobrychus flavicollis*	190
Eudynamys scolopaceus	83	*Geokichla sibirica*	362	*Ixobrychus sinensis*	189
Euprepiophis mandarinus	517	*Glareola maldivarum*	157		
Eurystomus orientalis	245	*Gloydius brevicauda*	522		

J

		Gloydius halys	523		
		Grus grus	105	*Jynx torquilla*	252
		Grus japonensis	104		

F

K

		Grus monacha	106		
		Grus virgo	103	*Kaloula borealis*	502
Falco amurensis	261				
Falco cherrug	264				

H

L

Falco columbarius	262				
Falco naumanni	259				
Falco peregrinus	265	*Halcyon pileata*	246		
Falco subbuteo	263	*Haliaeetus albicilla*	226	*Lalage melaschistos*	271
Falco tinnunculus	260	*Haliastur indus*	209	*Lanius borealis*	279
Ficedula albicilla	400	*Helopsaltes certhiola*	312	*Lanius bucephalus*	276
Ficedula elisae	398	*Hemixos castanonotus*	324	*Lanius cristatus*	277
Ficedula narcissina	397	*Hieraaetus pennatus*	214	*Lanius schach*	278
Ficedula zanthopygia	396	*Hierococcyx sparverioides*	84	*Lanius sphenocercus*	280
Fregata ariel	183	*Himantopus himantopus*	110	*Lanius tigrinus*	281
Fringilla coelebs	422	*Hirundapus caudacutus*	76	*Larus canus*	167
Fringilla montifringilla	423	*Hirundo rustica*	315	*Larus crassirostris*	166
Fulica atra	99	*Horornis canturians*	338	*Larus fuscus*	169
		Horornis fortipes	339	*Larus schistisagus*	165
		Hydrocoloeus minutus	162	*Larus vegae*	168
		Hydroprogne caspia	171	*Larvivora cyane*	377
		Hypsipetes amaurotis	323	*Larvivora sibilans*	376
				Leiothrix lutea	350

G

I

				Lepus tolai	493
				Leucogeranus leucogeranus	100
Galerida cristata	301			*Limnodromus semipalmatus*	129
Gallinago gallinago	128				
Gallinago megala	127				
Gallinago solitaria	125				
Gallinago stenura	126	*Ibidorhyncha struthersii*	109		
Gallinula chloropus	98	*Ichthyaetus ichthyaetus*	164	*Limosa limosa*	130
Garrulax canorus	349	*Ichthyaetus relictus*	163	*Locustella davidi*	310
Garrulus glandarius	282				

547

学名索引

Locustella lanceolata	311
Locustella tacsanowskia	313
Lonchura striata	406
Loxia curvirostra	434
Luscinia phaenicuroides	379
Luscinia svecica	380
Lycodon liuchengchaoi	512
Lycodon rufozonatus	511
Lycodon ruhstrati	510
Lymnocryptes minimus	124

M

Macaca mulatta	481
Mareca falcata	37
Mareca penelope	38
Mareca strepera	36
Megaceryle lugubris	248
Melanitta stejnegeri	52
Melanocorypha mongolica	298
Meles leucurus	485
Mergellus albellus	55
Mergus merganser	56
Mergus serrator	57
Mergus squamatus	58
Milvus migrans	225
Monticola gularis	392
Monticola saxatilis	390
Monticola solitarius	391
Motacilla alba	414
Motacilla cinerea	413
Motacilla citreola	412
Motacilla tschutschensis	411
Mus musculus	476
Muscicapa dauurica	395
Muscicapa griseisticta	393
Muscicapa sibirica	394
Mustela sibirica	484
Myophonus caeruleus	386

N

Naemorhedus griseus	492
Netta rufina	46
Ninox japonica	241
Nucifraga caryocatactes	286
Numenius arquata	131
Numenius minutus	133
Numenius phaeopus	132
Nyctalus noctula	465
Nyctereutes procyonoides	482
Nycticorax nycticorax	194

O

Oenanthe pleschanka	389
Orientocoluber spinalis	513
Oriolus chinensis	267
Otis tarda	91
Otus semitorques	233
Otus sunia	234

P

Paguma larvata	487
Pandion haliaetus	207
Panthera pardus	489
Panurus biarmicus	304
Pardaliparus venustulus	293
Parus minor	296
Passer cinnamomeus	407
Passer montanus	408
Pelecanus crispus	203
Pelecanus onocrotalus	204
Pelodiscus sinensis	503
Pelophylax nigromaculatus	501
Perdix dauurica	19
Pericrocotus cantonensis	270
Pericrocotus divaricatus	269
Pericrocotus ethologus	268
Periparus ater	292
Pernis ptilorhynchus	210
Phalacrocorax carbo	184
Phalaropus fulicarius	155
Phalaropus lobatus	154
Phasianus colchicus	21
Phoenicurus auroreus	382
Phoenicurus fuliginosus	383
Phoenicurus leucocephalus	385
Phylloscopus armandii	326
Phylloscopus borealis	332
Phylloscopus claudiae	335
Phylloscopus coronatus	334
Phylloscopus fuscatus	325
Phylloscopus humei	331
Phylloscopus inornatus	330
Phylloscopus magnirostris	336
Phylloscopus plumbeitarsus	333
Phylloscopus proregulus	329
Phylloscopus schwarzi	327
Phylloscopus soror	337
Phylloscopus yunnanensis	328
Pica serica	285
Picoides kizuki	253

Picoides canicapillus	254
Picus canus	257
Pipistrellus abramus	464
Platalea leucorodia	187
Platalea minor	188
Plecotus ognevi	466
Plectrophenax nivalis	438
Plestiodon capito	504
Pluvialis fulva	114
Pluvialis squatarola	115
Podiceps auritus	64
Podiceps cristatus	63
Podiceps grisegena	62
Podiceps nigricollis	65
Poecile montanus	295
Poecile palustris	294
Prionailurus bengalensis	488
Prunella collaris	404
Prunella montanella	405
Pterorhinus davidi	348
Ptyas dhumnades	509
Ptyonoprogne rupestris	316
Pucrasia macrolopha	20
Pycnonotus jocosus	322
Pycnonotus sinensis	320
Pyrrhocorax pyrrhocorax	287
Pyrrhula pyrrhula	433

R

Rallus aquaticus	94
Rallus indicus	93
Rana chensinensis	500
Recurvirostra avosetta	111
Regulus regulus	401
Remiz consobrinus	297
Rhabdophis tigrinus	521
Rhinolophus ferrumequinum	461
Rhopophilus pekinensis	343
Riparia riparia	314
Rostratula benghalensis	122

S

Saundersilarus saundersi	161
Saxicola ferreus	388
Saxicola maurus	387
Scaptochirus moschatus	460
Scincella modesta	505
Sciurotamias davidianus	467
Sciurus vulgaris	470
Scolopax rusticola	123
Sibirionetta formosa	45
Sibynophis chinensis	520
Sinosuthora webbiana	344
Sitta europaea	352
Sitta villosa	353
Spatula clypeata	43
Spatula querquedula	44
Spilopelia chinensis	71
Spinus spinus	435
Spizixos semitorques	321
Spodiopsar cineraceus	358
Spodiopsar sericeus	357
Sterna hirundo	173
Sternula albifrons	172
Strauchbufo raddei	499
Streptopelia decaocto	69
Streptopelia orientalis	68
Streptopelia tranquebarica	70
Strix nivicolum	236
Strix uralensis	237
Sturnus vulgaris	360
Sus scrofa	490
Syrrhaptes paradoxus	73

T

Tachybaptus ruficollis	61
Tadorna ferruginea	34
Tadorna tadorna	33
Tamias sibiricus	468
Tamiops swinhoei	469
Tarsiger cyanurus	381
Terpsiphone incei	275
Tichodroma muraria	354
Tringa erythropus	134
Tringa glareola	139
Tringa nebularia	137
Tringa ochropus	138
Tringa stagnatilis	136
Tringa totanus	135
Troglodytes troglodytes	355
Trogopterus xanthipes	471
Tscherskia triton	478
Turdus atrogularis	368
Turdus cardis	374
Turdus dissimilis	375
Turdus eunomus	370
Turdus feae	365
Turdus hortulorum	373
Turdus mandarinus	364
Turdus mupinensis	372
Turdus naumanni	369
Turdus obscurus	366

Turdus pallidus	367		
Turdus ruficollis	371		
Turnix tanki	156		

X

Xenus cinereus	140

U

Upupa epops	243
Urocissa erythroryncha	284
Urosphena squameiceps	340

Z

Zapornia fusca	96
Zapornia pusilla	95
Zoothera aurea	363
Zosterops erythropleurus	346
Zosterops simplex	347

V

Vanellus cinereus	113
Vanellus vanellus	112
Vespertilio murinus	463
Vulpes vulpes	483